装备建设与运用

——运用环境篇

主 编 陶 帅 李随科 李 义

副主编 李 强 邓辉咏 韩 凤 曹 毅

参 编(排名不分先后顺序)

万瑞升 尹争艳 尹宗润 卫 明 田 睿

吴建国 刘怀远 何洋扬 辛世成 张万玉

张金璐 陈 晓 杨剑波 陶 赟 康 磊

康 健

西安电子科技大学出版社

内容简介

本书是地面装备领域人才全流程培养系列教材《装备建设与运用》之四——运用环境篇。

全书共五章，内容分别为概述、地形环境、土壤环境、气象水文环境和电磁空间环境等。

本书是装备建设与运用领域人才培养的运用部分，可作为专业培训用书，还可作为装备保障、装备指挥、装备论证、装备设计、装备实验等专业的参考书。

图书在版编目(CIP)数据

装备建设与运用. 运用环境篇 / 陶帅，李随科，李义主编. —西安：西安电子科技大学出版社，2022.3
ISBN 978–7–5606–6350–0

Ⅰ. ①装… Ⅱ. ①陶… ②李… ③李… Ⅲ. ①武器装备管理—中国—教材 Ⅳ. ①E241

中国版本图书馆 CIP 数据核字(2021)第 268486 号

策划编辑 刘小莉
责任编辑 王晓莉 刘小莉
出版发行 西安电子科技大学出版社(西安市太白南路 2 号)
电 话 (029)88202421 88201467 邮 编 710071
网 址 www.xduph.com 电子邮箱 xdupfxb001@163.com
经 销 新华书店
印刷单位 陕西天意印务有限责任公司
版 次 2022 年 3 月第 1 版 2022 年 3 月第 1 次印刷
开 本 787 毫米×960 毫米 1/16 印 张 12.75
字 数 138 千字
印 数 1～1000 册
定 价 30.00 元
ISBN 978-7-5606-6350-0/E
XDUP 6652001-1
如有印装问题可调换

前　言

  装备是部队训练和作战的物质基础，是部队战斗力的重要组成部分。装备的储存、运输、使用均在一定环境条件下进行，其自身性能、可靠性、安全性等也就必然受到环境因素的影响。因此，对于"装备—环境"系统的研究一直是武器系统与运用工程研究领域的有机组成部分。

  装备运用环境，着眼于装备作战及保障，落脚于装备运用环境。环境对武器装备的影响问题是随着武器装备的进步和作战样式的发展而不断发展变化的。众所周知，在冷兵器时代，环境对武器装备的使用基本上没有影响；热兵器时代，虽然环境对武器装备的作战性能有影响，但是在兵器制造过程中也基本上没有考虑环境适应性等相关问题；而在机械化兵器时代，则开始考虑武器装备的环境适应性问题；到了信息化时代，武器装备的发展呈现出技术先进性与系统复杂性，同时武器系统与运用环境的关系也空前密切。在信息化时代，环境对装备的影响已不仅是安全储存和正常使用的问题，而更加重要的是在正常使用的环境范围内具有不同的作战效果和效益，环境已成为影响武器装备实战性能、衡量战斗力的重要因素。因此，全面开展装备运用环境的效应分析、质量评估，以及试验方法、防护技术、适应性论证和模拟仿真等就显得尤为必要。本书旨在从环境出发,系统阐述装备运用环境的概念、构成及制约影响,以期为相关研究提供技术支持,并促进装备环境工程研究的发展、深化和融合。

全书共分为五章。第一章介绍了装备与环境、装备运用环境、装备发展及装备运用环境的影响,具体包括环境及装备环境的基本概念、描述、相互影响以及装备环境的分类等。第二章分别介绍了地形地貌环境及影响、植被环境及影响、陆地水系环境及影响、城市环境及影响。第三章分别介绍了土壤的构成及分类、土壤参数及特性分析、土壤特性对典型工程机械的影响。第四章重点介绍了天气气象环境及影响和海洋水文环境及影响,同时也介绍了天气水文和气象水文环境预报相关知识。第五章在介绍电磁空间与战场电磁环境和电磁环境的构成及特性的基础上,详细介绍了电磁环境对装备运用的影响。

限于作者水平,书中难免存在不妥之处,敬请广大读者批评指正。

编　者

2021 年 12 月

目　录

第一章 概　述

　　军事装备环境着眼于武器装备作战运用及制约,研究讨论它的根本目的在于有效解决装备自身与运用环境之间的基本矛盾,即装备的可靠性、储存性、安全性等在不同环境条件下的适应性问题。环境适应性是装备的重要属性之一,源于设计、制造,并在全寿命过程中体现。因此,装备运用环境与制约是覆盖装备全寿命周期的一项重要的基础性工作。

1.1　装备与环境

1.1.1　环境与环境因素

1. 环境

　　环境(Environment)是指周围所存在的条件,这只是直观的字面解释。

　　对于不同的对象和学科来说,环境的定义也不相同。比如对社会学来说,环境是指具体的人生活周围的情况和条件;对生物学来说,环境是指生物生活周围的气候、生态系统、周围群体和其他种群;对热力学来说,环境是指向所研究的系统提供热或吸收热的周围所有物体。

　　广义的环境描述是:环境是指某一特定生物体或群体以外的空间,以及直接或间接影响该生物体或群体生存与活动的外部条件的总和。换言之，环境既包括以大气、水、土壤、植物、动物、微生物等为内容的物质因素，也包括以观念、制度、行为准则等为内容的非物质因素；既包括自然因素，也包括社会因素；既包括非生命体形式，也包括生命体形式。

系统科学把"研究的对象"称为系统，"系统以外的部分"称为环境。

美国《工程设计手册》(环境部分)中将环境定义为"在任一时刻和任一地点产生或遇到的自然条件和诱发条件的综合体"。

从上述定义可以看出，环境是一个相对概念，是相对于一定的主体而存在的，主体不同，环境的内涵也不相同。即使是同一主体，由于对主体的研究目的及研究尺度不同，环境的大小(分辨率)也各不相同。

本书采用的是环境科学对环境的定义，即环境既包括自然界和社会中各种物质性的要素，又包括由这些要素所构成的系统及其所呈现出来的状态。这里的环境要素是物质性要素，这些要素构成环境，呈现特定状态。同时环境作为系统又存在于更大的环境之中，并且与之相互作用、相互影响。

2. 环境因素

环境因素是指组成环境这一综合体的各种独立的、性质不同而又有其自身变化规律的基本组成部分。环境因素分为自然环境因素和诱发环境因素，具体涉及气候、土壤、生物、地理、机械和能量等各个方面。

各种环境因素中的某些因素或者能够再分成几个因素，或者能与其他因素组合，从而得到一个更为复杂的因素。一般一个环境大约有 23 个环境因素。除了环境因素，还有 4 个因素必须予以考虑，即 3 个空间维度和 1 个时间维度。之所以把这 4 个因素(空间、时间)单独列出，是因为每个环境因素都随地域(包括海域)、空域和时间的变化而变化。具体表现为：

某一局部地区的环境因素值与其他地区是不同的；在某一给定地区，某一给定时间的环境与其他时间是不同的。不同的环境中，各环境因素的变化也是不同的。在确定某一给定区域的特定环境因素时，必须考虑到随着时间的变化，这些因素会出现相应的变化。另外，环境因素的重要性也随所处时间、地点的不同而发生变化。因此，我们可以认为环境具有 $n+4$ 个参数，即 n 为 23 个环境因素，其余 4 个因素为时空因素。

大多数环境因素既不是静止不变的，也不是到处都存在的。环境因素的存在与否及其变化范围和特性，往往作为确定环境条件(如地理区、气候区等)的基本依据。事实上，环境条件也总是以环境因素的组合形式出现。例如温热地带地区的特点是有暴雨、空气湿度大、温度不太高、生长着大量的植物，并有大量的微生物和生物，然而不会出现沙尘、雪和雾。美陆军规程 AR70-38《在极端条件下所用装备的研究、研制、试验和鉴定》中根据温度情况，将世界气候区划分为炎热、基本、寒冷和严寒 4 种类型，并提供了有关气候区的温度、相对湿度和太阳辐射对武器装备工作状态、储存状态等影响的极端数据，这些数据是设计武器装备时的气候要求依据。我国地理区域可以大致划分为：南方地区，主要为亚热带季风气候(海南岛全部为热带季风性气候)；北方地区，主要属于温带季风气候；西北地区，主要属于温带大陆性气候；青藏地区，主要属于高原山地气候。每种气候类型的温/湿度的日平均值、年平均值范围和绝对极值范围均不相同，这些数据可作为国内用装备的温/湿度环境条件要求的设计依据。

考虑环境对装备的影响时，应仔细分析装备在寿命期内将经历的各种事件和条件及其与环境的关系。对于特定的武器装备来说，其寿命期及其活动范围是有限的，这就决定了它不可能涉及每一个因素及其与其他因素的综合，显然不必考虑上述每一种环境和所有因素综合的影响，而是用有限数量的一组环境因素就能充分地描述其环境。其实，各种环境因素的重要性也随着武器装备所处的环境而异，有些环境因素可能在某种场合相当重要，而在另一种场合则并非如此，甚至可以忽略不计。如北方冬季环境因素主要考虑低温、风、冰雪(雨)等，对高温、太阳辐射则无需考虑；再如汽车运输环境条件包括振动、冲击、碰撞、加速度等，但实际考虑的主要因素是振动和碰撞。

各种环境因素的相互作用也是必须予以考虑的重要内容。同类环境因素之间存在交互作用，比如气候环境因素中高温会增大水蒸气渗透速度，温度和湿度条件适宜会使霉菌作用加剧；而不同环境因素间也可能存在交叉影响，比如气候环境条件与一定的地形地貌结合可加剧环境因素的作用，包括高温会加速沙尘对装备部/组件的磨损速度、湿度与沙尘结合使装备组成材料加速变质等。

1.1.2 环境定量描述

定量描述环境是研究环境条件及进行环境条件标准化的基础。同时，为了分析环境对武器装备的影响，对环境进行定量描述也是十分必要的。

1. 数据描述

为了使装备应用于工程实际，环境必须采用定量化的描述。例如，只有已知湿热地区的温度和湿度数据，才能对这一地区的装备进行设计和环境试验。理论上讲，所有环境因素都应采用量化描述，但实际上往往受到许多因素的限制。例如，生物环境就难以用参数来进行描述。

环境因素本身的量化表述和环境对装备影响的量化表述是对环境条件进行标准化处理的两类常用数据。两种类型的数据(前者是关于环境自身的，后者是关于环境对装备影响的)同样重要，比如有关电子元件的工作温度及其性能随时间发生变化的关系、各种材料的腐蚀速度(随时间和环境条件的变化)、各种形式的辐射能对装备的有害影响等。如何获得这两类有效数据是一个复杂的工程问题，最简单、最直接的方法是对这些环境参数进行直接测量。由于测量程序、仪器(及精度)、数据处理方法的差异等方面的影响，往往会带来测量数据的差异，这就需要对数据先进行统计分析，然后再应用于环境工作。

需要指出的是，对各种环境因素和由环境因素产生的影响来说，时间都是一个重要的参数。由于在自然环境中很少存在稳定条件，所以环境条件可以在短时间内发生显著改变。研究表明，某一环境因素产生的影响与此环境因素的强度以及暴露于此环境内的时间有关，并且有很强的非线性关系。

2. 模型描述

应用数学方法建立各类环境的数学模型或物理模型是环境定量描述的另一重要方法。模型描述能够反映环境因素之间的逻辑关系、各类环境因素之间的相互影响关系以及各环境因素取值的边界条件。常见的环境参数模型如表 1-1 所示。

环境参数模型的本质是描述参量间的相互关系，主要用途是对环境进行分析。环境参数模型分为机理模型和统计模型，这两种模型对于定量分析环境及其影响都是必要的。机理模型是依据过程的质量、能量及动量守恒的原则以及反应动力学等原理来建立的，属于"白箱"模型，如冲击、振动、加速度的相关模型。统计模型是依据过程输入、输出数据，利用一定的统计方法对数据进行分析来建立的，属于"黑箱"模型，如描述温度和反应速率之间关系的阿汉尼斯方程就是用来描述装备与温度有关的变化模型的。虽然这些模型与实际情况存在误差甚至误差比较大，但在进行环境分析时还是非常有用的。例如，美陆军规程 AR70-38 中的气候类型模型就给出了温度和湿度的范围、温度和湿度的循环以及其他因素的极限值。另外，如标准大气模型、降雨量和降雨强度之间的数学关系，以及根据积累的气象记录做出的典型天气日的描述等都是常见模型。

表 1-1　常见的环境参数模型

环境因素	环 境 参 数	数 学 模 型
风速	风速随高度变化	$V = V_0 \left(\dfrac{Z_2}{Z_1} \right)^a$
	阵风因子	$G = 1 + A\exp(-BV)$
淋雨	淋雨强度	$R_t = At^B$
温度	极值温度	$T = aI + b$ $I = T' + (T'_{\max} - T'_{\min})$
沙尘	颗粒大小分布	$I_n M_n = I_n M_g + 2\sigma_g^2$
	颗粒形状系数	$d = d_p \left(\dfrac{\alpha}{\chi} \right)^{0.5}$
振动	振动频率	$f = \dfrac{1}{T}$
冲击	固有频率	$\omega = \left(\dfrac{k}{m} \right)^{0.5}$
	阻尼比	$\xi = \dfrac{c/2}{(k/m)^{0.5}}$
加速度	总加速度大小	$a = (a_1^2 + a_n^2)^{0.5}$
	总加速度方向	$\tan\theta = \dfrac{a_1}{a_n}$

1.1.3 环境对装备的影响

装备在完成自身功能的同时，也处于操作人员、工作对象及周围环境的交互作用中，这种互为因果的关系是自然界各种现象的普遍表现方式。任何一类环境因素均对处于其中的装备有影响。综合各类环境因素对装备的影响作用可知绝大部分是负面影响。美国国防部的调查表明：环境造成装备的损坏占整个使用过程中损坏的 50%以上，超过了作战损坏；在库存期，环境造成装备的损坏占整个损坏的 60%。由于装备环境适应性差而造成装备难以形成战斗力的例子不胜枚举，因而装备的环境适应性问题一直困扰着各国部队。因此，无论是研发设计还是鉴定试验，环境因素对装备的影响都是必须考虑的问题。

环境条件对武器装备的影响从作用程度或后果上可分为两类。一类是产生暂时影响，也叫做功能失效，即在装备使用过程中，由于环境应力的作用，使装备不能完成预定的功能，或其特征参数超过允许的范围，使得装备不能正常工作，但当环境应力减小或撤除后又能够恢复功能和进行正常工作。另一类是产生永久性后果，也称为结构失效，即由于环境应力的作用使装备的机械结构损坏，使构成装备的零部件不能完成预定的功能，导致装备失效，而且在环境应力减小后装备不能恢复功能。前者的环境条件称为工作环境条件，后者的环境条件称为承受环境条件。显然，承受环境条件比工作环境条件更加严酷。

环境对装备产生影响的效应是复杂的，而且往往是综合性的，具体表现为武器装备性能降低、可靠性降低、使用寿命缩短等。各种影响的结果最终都反映在武器装备作战性能的发挥上。另外，在讨论环境对武器装备的影响时,还必须考虑环境因素对武器装备的要求,以及由此带来的研制、生产、维修成本提高。这两者都是非常重要的。

1. 性能降低

武器装备是担负作战使命的特种机械。由于各种环境因素的影响,武器装备的各项性能,如射击精度、材料强度、零部件寿命、可维修性及安全性等随着时间推移均有不同程度的降低。

大量的事实说明,环境因素对装备的影响首先从影响装备的表面防护开始。由于大多数装备材料均采用表面处理加以防护,如金属镀层、涂层或表面化学处理等,这些表面防护层暴露于各种环境因素中,随着时间的推移将会逐渐脱落甚至损坏,有时这一损坏过程进行得比装备机构本身损坏更快。温度、湿度、太阳辐射、降雨、固体沉积物、沙尘、盐雾、生物及微生物等都能使装备防护层损坏,这些因素往往综合起来或其中一个因素促使其他因素起作用,造成装备材料某一结构上表面保护层大量剥落,从而使材料本体完全暴露于环境中造成氧化、腐蚀、变质等,导致装备性能降低。

环境因素对装备性能的影响还体现在多个方面。例如,承受振动和冲击的装备容易在应力集中部位出现裂痕。在金属上出现的应力交变和随后在应变点通过微观裂纹诱发的腐蚀作用,是装备产生裂纹的主因。金属器件在大气中的盐雾或污染物作用下,将逐渐被腐蚀,直至失效。沙尘不但对装备表面有磨蚀作用,而且将渗入产品内部,增加机构运动的摩擦阻力,污染开关接触器,降低绝缘性能。温度的交替和湿度的变化,往往引起塑料元件的老化和脆断,并给装备本身带来意料不到的危害。温/湿度因素还容易引发电子元器件的电性能下降,如绝缘被击穿、电阻值改变、元器件物理性能破坏以及一些工作装置参数的变化。冲击、振动与温度的综合作用则可产生更为严重的物理损坏，如电线折断、绝缘体裂纹及电器机械机构出现故障。

2. 可靠性降低

由于环境因素的诱发作用，不仅降低了装备的使用性能，也增大了装备出现故障的频率，从而降低了装备的可靠性。大量的统计数据表明，装备的使用可靠度或任务可靠度均低于装备初始设计时的可靠度。

环境条件与可靠性设计和试验密切相关。在装备设计中，为了保证装备在预期使用环境下能够正常工作并达到规定的可靠性，必须首先了解装备的预期使用环境及对各类环境的特殊要求，而后根据这一要求进行装备的可靠性设计，如材料选择、结构设计等。对装备可靠性进行预测时，必须以环境条件为基础，预测产品在一定环境条件下的可靠性。可靠性试验与环境应力类型选择和应力大小有关。围绕装备—环境所开展的环境因素影响分析、环境防护研究，以及故障模式、失效机理等方面的信息，对于分析装备故障和采取纠正措施具有参考价值。图1-1列出了环境与可靠性之间的关系。

3. 使用寿命缩短

由于环境因素的影响，武器装备的使用寿命将明显缩短。一方面装备在储存和运输中受到各种环境因素的影响，甚至尚未使用就已损坏，更多的情况则出现在武器装备的工作状态上，因为此时装备的各元器件大多暴露于环境应力下，在有害介质、高温和低温、沙尘、电磁辐射、核辐射等的作用和影响下，使装备本体受到磨损、腐蚀和疲劳，零部件的使用强度

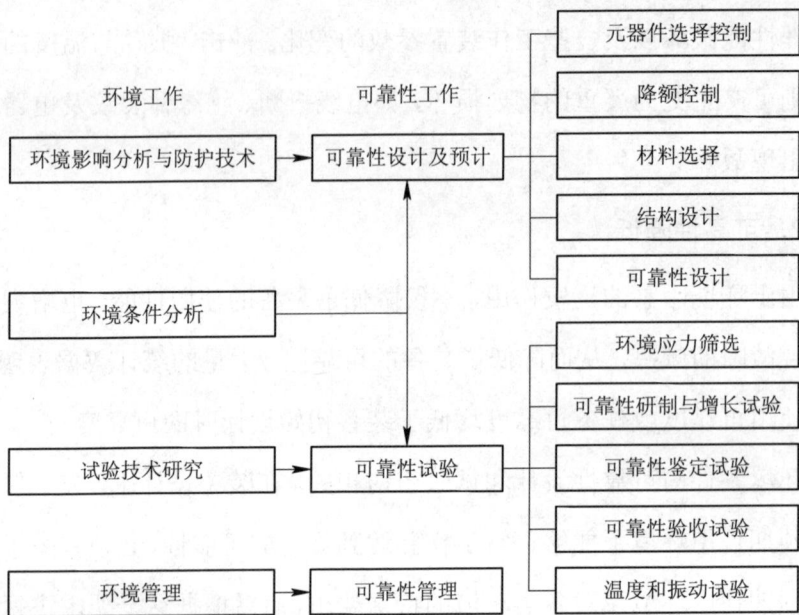

图 1-1　环境与可靠性之间的关系

下降，并伴有构件材料老化等物理—化学破坏过程，从而缩短装备的使用寿命。例如：雨水、盐雾、生物往往造成金属生锈及光学仪器发霉和织物腐烂，从而造成各种装备和器材过早淘汰；风吹日晒引起的塑料和橡胶软管老化；低温条件下出现的材料脆断、活动件卡死；储存运输过程中湿热带来的腐蚀；冲击和振动带来的应力应变及微观裂纹，等等。此外，白蚁损坏木材，海洋凿船虫等侵蚀桩材，废弃物毁坏纺织品，沙尘磨损车辆刹车片等，也是环境因素缩短装备使用寿命的典型例子。

4．成本提高

环境因素对武器装备的使用提出了各种要求，这使得装备在研制阶段必须考虑耐环境设计。例如设计者不得不考虑一些附属结构，以确保装备的耐环境能力。这些用于适应各种环境的特殊设施及防护装置在增强装备环境适应能力的同时，也增加了装备的研制、维修和采购费用。

武器装备成本除了与耐环境设施设备有关以外，还与装备使用寿命长短、军事应用情况、后勤支援模式和维修保障内容紧密相关。环境因素对装备成本的影响有：导致装备性能劣化，增加了维修负担；缩短了装备使用寿命，增加了采购和后勤支援任务；对于特殊武器装备提出了新的防护要求；为了提高装备性能要求，导致研制生产成本提高；影响军事行动的成败。要使武器装备满足军用规范中的环境要求，必然会使装备成本提高。事实上，要求某一种装备(设备)在各种环境因素的全部变化范围内都能正常工作是非常困难的。要证实装备满足各种要求的程度，必须进行相应的试验，而这些工作最终也都会反映在武器装备采购成本的提高上。

1.2　装备运用环境

环境是相对于研究对象而提出的，因研究对象的不同而不同，随研究对象的变化而变化。对于武器装备而言，围绕武器装备的外部空间、外部条件和外部状况，构成了装备的环境。理论上讲，一切环境因素均能对武器装备产生影响，但本书研究的环境是指装备在储存、运输和使用过程中所处的境况，我们称为装备运用环境。

1.2.1　装备运用环境的分类

根据环境定义及装备运用特征，对装备运用环境可作如下定义：装备运用环境是装备在任一时刻和任一地点产生或遇到的自然环境、平台环境以及能量环境的综合体。这里的自然环境是指地表、气候、生物及水文等自然环境；平台环境主要指装备自身或者装备所处的搭载平台的环境，包括物理环境、逻辑环境、数据环境、安全环境、用户环境及技术标准；能量环境则主要是指力学环境、电磁环境及噪声环境等。

装备所面临的环境复杂多变，根据装备的军兵种和所要承担作战任务的不同，其所遭遇的环境也具有各自不同的特点。例如，对于步兵武器装备而言，作战人员所能到达的地域就是装备面临的环境条件，因此可以说步兵武器装备几乎要面临所有自然和诱发的环境条件；对于特种兵而言，如水下蛙人携带的武器装备要承受水下环境条件，空降兵携带的武器装备则要承受强烈的冲击环境条件；对于海军武器装备而言，所承受的环境条件主要是船舶的颠簸所产生的振动环境和海上盐雾造成的腐蚀环境；对于各种车载和机载武器装备而言，所面临的一个突出环境问题则是冲击加速度效应对装备可靠性的影响。

根据装备运用环境的定义，可以得到装备运用环境的不同分类方法。

1. 根据装备寿命周期分类

在装备自出厂到寿命终结的过程中，有关事件和条件的时间历程是装备的寿命期剖面。寿命期剖面通常包括以下事件(阶段)：运输(阶段)、储存/后勤供应(阶段)、执行任务/出击(阶段)。与装备寿命期剖面对应的环境种类及其时序的描述称为寿命期环境剖面。由此可将装备运用环境分为储存环境、运输环境和使用环境等。其中每种环境条件又包括诱发环境应力和自然环境应力。

(1) 储存环境。储存可分为三种情形，即后勤装卸运输、有遮蔽储存和无遮蔽储存。不同状态条件下武器装备所受的储存环境应力不同。

(2) 运输环境。装备在寿命期经常处于运输状态，常见的运输手段有公路运输、铁路运输、航空运输和水路运输等。不同运输手段(含装卸)所受的运输环境应力也有较大差别。

(3) 使用环境。装备使用(即执行任务过程)可分为两个阶段：一是准备待发阶段；二是击中目标阶段。装备准备待发前都要进行部署后方可使用。装备主要部署和使用情形可分为：地面人员部署和使用、陆地车辆上部署和使用、船舶上部署和使用以及飞机上部署和使用。以上情形装备所受到的环境应力如表 1-2 所列。

表 1-2　装备使用环境应力(准备待发阶段)

使用环境 环境应力	地面人员部署和使用	陆地车辆上部署和使用	船舶上部署和使用	飞机上部署和使用
诱发环境应力	装卸冲击 (跌落/冲撞/倾翻) 发射/爆炸冲击	道路振动、冲击 发射武器振动、冲击 装卸、操作冲击	波浪诱发振动 发动机诱发振动 水雷/爆炸冲击 武器发射冲击	跑道诱发振动 气动扰动 起飞/着陆/机动加速 爆炸气体冲击 弹射器发射 跳动着陆冲击 装卸、操作冲击
	噪声			
	爆炸性大气			
	电磁干扰			
	—	—	增压(海下)	—
自然环境应力	高温(干/湿) 低温/冰冻 温度冲击 盐雾 太阳辐射 霉菌	高温(干/湿) 低温/冰冻 温度冲击 盐雾 太阳辐射 霉菌 核生化	高温(干/湿) 低温/冰冻 温度冲击 盐雾 太阳辐射 霉菌 核生化	高温(干/湿) 低温/冰冻 温度冲击 盐雾 太阳辐射 霉菌 核生化
	淋雨/冰雹 沙尘/泥浆		淋雨	淋雨 雨水/沙尘

击中目标通常由射弹、导弹、火箭及鱼雷来完成，它们在射击目标的过程中所受的环境应力如表 1-3 所列。

表 1-3　装备使用环境应力(击中目标阶段)

使用环境 / 环境应力	射弹	鱼雷等水下发射武器	导弹、火箭
诱发环境应力	发射冲击 发射加速度 发动机诱发振动	装卸发射冲击 发射加速度 发动机诱发振动冲击 爆炸性冲击	装卸发射冲击 发射/机动加速度 发动机诱发振动水 气动随机扰动
	气动加热	—	—
	噪声		
	爆炸性大气		
	电磁干扰		
自然环境应力	高温(干/湿) 低温/冰冻 温度冲击 盐雾 太阳辐射 霉菌	高温(干/湿) 低温/冰冻 温度冲击 盐雾 太阳辐射 霉菌 核生化	高温(干/湿) 低温/冰冻 温度冲击 盐雾 太阳辐射 霉菌 核生化
	淋雨/冰雹 沙尘/泥浆		淋雨

2. 根据环境存在形态分类

根据存在形态将环境分成不同种类是十分有用的。因为具体到不同的地点、不同的条件或不同的功能，环境只与一组特定的因素相关联。例如，作战环境和后勤支援环境都是非常重要的功能性环境种类，这两个环境类别可用于表明与军事行动有关的环境条件和与后勤系统有关的环境条件，例如库房环境、实验室环境、包装环境、车载环境、舰载环境、飞机环境或战场环境等。下面仅对库房环境、包装环境与战场环境进行介绍。

1) 库房环境

库房是装备储存的基本场所。由于装备物资储存活动的特殊性，如产品价值高、储存时间长及储存条件要求高等，储存装备的库房有着自身的特点和要求。从功能上讲，库房主要是保证库存装备物资的安全，减缓装备物资在储存过程中的质量变化。换言之，库房必须具有抵御或阻止外界环境对装备物资作用的能力，包括防潮能力、防热能力、防爆能力及安全防卫能力等。

根据建筑结构特点可把库房划分为地面库和洞库两个基本类型。另外，还有半地下仓库、水中仓库和水下仓库等，但应用较少。

军械仓库中的洞库大都为开山式洞库，即首先在山体内开凿毛洞，然后进行混凝土浇筑或衬砌被覆，设置排水系统，构筑地坪，形成护围结构，从而得到所需要的空间。根据被覆与毛洞壁间隙的大小，将开山式洞库分成贴壁式和离壁式两种。洞库通常由主洞、引洞、明堑、库门和装卸台等组成。洞库由于深藏于山体之中，山体自然防护层较厚，因而防护能力较强，隐蔽性较好。另外，洞库内温/湿度条件比较好，温/湿度变化也容易控制，但施工复杂，造价较高。

地面库是军械仓库的另一重要库房类型。地面库按屋顶形状可分为平顶地面库和坡顶地面库；按建筑结构可分为砖(石)木结构地面库和钢筋混凝土结构地面库。地面库一般由地坪、墙壁、屋顶、门窗及通风孔、装卸台等组成。地面库的主要特点是：结构简单，施工方便，造价比较低，但库内温/湿环境易受外部环境影响，隐蔽性能差，自身安全防护性能有限。

2) 包装环境

包装是装备单体储存的基本形式。随着高新技术在装备中的不断应用，装备呈现出结构复杂性、技术先进性和材料多样性的特点。与此同时，装备对储存和使用环境的要求越来越高，单纯依靠库房控温、控湿方法来保证装备使用价值的做法已不能满足复杂环境条件下装备的作战需求。装备作为战争中最大的消耗物资之一，要充分发挥自身的作战功能和价值，就必须全面适应各种环境，大幅提高战场生存能力。而这一问题的解决主要依靠包装技术。

装备包装通常由材料、容器、技术和信息四要素构成。其中，材料是构成包装实体的物质基础，材料本身的结构、成分、性质及可加工性，尤其是材料的防护性能是装备包装材料选用的重要指标，也是影响装备包装环境性能的主要因素。

装备包装按材料分类，有纸包装、木包装、金属包装、塑料包装和复合材料包装等。其中，纸包装和塑料包装主要用来包装武器装备的零部件，以内包装为主，纸包装应用得较少，塑料包装应用得较多，弹药的密封包装大多是塑料包装；木包装应用得最多，各类弹药、武器装备的备件的外包装均是木包装；金属包装主要应用在枪弹的内包装和装备保障工具包装。

装备包装按包装技术分类，有防潮包装、防锈包装、缓冲包装、防霉包装、真空包装、集合包装、防静电包装、防电磁包装及充气包装等。弹药类装备以防潮包装、防锈包装和缓冲包装为主；近几年来，电发火弹药和元件开始应用电磁屏蔽包装、真空包装技术；光学仪器以防霉包装为主；装备器材主要采用防锈包装。每种包装均有其自身的环境特性。

3) 战场环境

战场环境是装备面临的终端环境。随着现代战争形态的变化，战场空间不断拓展，信息化条件下的战场环境既包括有形的陆地、海洋、大气空间和外层空间，也包括无形的电磁、信息和认知等领域。按照作战样式的不同，战场又可分为陆战场、海战场、空战场、太空战场和电子战场等。不同的作战样式关心不同的战场环境因素。

复杂电磁环境是信息化战场的重要特征。在未来信息化条件下作战，由于电子信息系统中的雷达探测、通信联络、导航识别等设备的辐射功率越来越大，频谱越来越宽，装备数量成倍增加，工作频率严重交叠，因此使战场的电磁环境日趋复杂。而电子战系统的广泛应用和各种微波电磁武器的出现，加上雷电、静电等自然电磁源，使有限的战场空间的电磁环境变得更加恶劣。复杂多变的电磁环境不仅会危及电子装备、电爆装置和人员的安全，而且将直接影响信息化武器系统战术和技术性能的发挥，严重地影响部队的战斗力和战场生存能力。

各种先进的侦察、监视手段的广泛运用，使现代战场具有立体透明、快速机动、大空间和大纵深的特点。另外，在各种高命中精度、高毁伤效能的高技术武器打击下，装备及其保障系统极易被破坏甚至摧毁。迄今，各类精确制导武器已达数百种，命中精度不断提高，从攻击地面目标来看，突击飞机携带的精确制导武器圆概率误差近距离攻击为 $0 \sim 2$ m，远距离攻击为 $10 \sim 30$ m。这些武器对射程内的点目标如坦克、装甲车、飞机、舰艇、雷达、桥梁、指挥中心及武器库等可以实现直接命中。因此，装备自身在未来高技术战争中的战场生存环境十分恶劣。

3. 根据环境影响因素分类

环境因素主要分为自然环境和诱发环境。有时根据需要也提出综合环境的概念。

1) 自然环境

自然环境是指在自然界中由非人为因素构成的环境，包括大气环境、空间环境、海洋水文环境、地表环境、地质环境和生物环境等。自然环境是由自然力产生的，与装备存在的形式和工作状态无关。无论装备处于静止状态还是工作状态，都会受到自然环境的影响。

在研究自然环境时通常将其分为标准自然环境和设备所处自然环境。标准自然环境是业务观(探)测所得到的环境参数值代表的自然环境。在业务观(探)测中，一般都要通过制定观(探)测规范来规定所用的仪器、仪表和方法，因此使用不同规范所得出的某一环境参数值可能是不同的。例如，稳定风速这一环境因素，我国规定为离地 $10 \sim 12$ m 高度处的 10 min 平均风速，美国则为 3 m 高度处的 1 min 平均风速。所以，当比较不同规范所得到的环境参数值时，需要依据环境参数的时空变化规律进行换算。

一般来说，通过环境监测，特别是专业观(探)测所得到的环境参数值只是在特定地点(时刻)得到的数值，而环境参数值具有明显的时空变化特征，装备的不同部位的环境参数值可能变化很大，所以需要关注其对环境影响最敏感的部件或设备所处的自然环境，即装备所处的自然环境。装备所处的自然环境与标准自然环境一般是有差别的。例如相控阵雷达对风速最敏感的部件是天线，而近地面风速随着高度的变化会产生很大变化。所以，在研究问题时，常用这种对风速影响最敏感的某一部位所处的自然环境来代表该设备所处的自然环境。

2) 诱发环境

诱发环境是指任何人为活动、平台、其他设备或装备自身产生的局部环境。诱发环境既可能是人为的或装备自身工作过程中产生的，也可能是自然环境与装备的物理化学特性综合作用产生的。因此，诱发环境可以发生在武器装备内部，也可以发生在外部。诱发环境通常包括诱发的大气、机械、海洋生物、化学环境和电磁环境等。

3) 综合环境

由于环境对装备的影响一般都是多因素共同作用的，所以在研究环境影响时，提出了综合环境的概念。综合环境是指装备所处的多种环境因素的综合状况，一般是根据装备使用区域的划分情况(如严寒、湿热、高原、沙漠、海洋、热带丛林等)进行研究。

上述三种类型的环境因素所涉及的范围包含了装备运输、储存、作战、训练、维修等多项工作的各个方面，也覆盖了各种具体的环境因素。

1.2.2　典型装备运用环境

环境对装备的影响制约装备性能的发挥和影响战争进程，甚至决定战争的胜负。环境适应性已成为装备的重要质量特性。理论上讲，一切环境因素均能对装备产生影响。但在大多数环境中，实际上只有一部分因素起作用，这些主要环境因素构成了典型装备运用环境。在进行装备环境试验适应性设计及环境试验评价时也主要针对这部分因素开展工作。

1. 高温环境

高温可使材料和构件产生膨胀、软化、老化，致使其变形和强度降低，从而导致功能下降或丧失。高温环境对装备的影响具体有：

(1) 不同材料的热膨胀可引起装备尺寸全部或局部改变，使结构配合状态发生变化，产生黏合、卡死或松动。

(2) 机电部件过热，会导致绝缘或导电性能改变。

(3) 有机材料褪色、裂开或出现裂纹，使装备工作寿命缩短。

(4) 包装、衬垫、密封件、轴承和轴等发生变形或黏结及失效，引起机械性故障或者破坏完整性以及外罩充填物和密封条的损坏。

(5) 温度梯度不同和不同材料膨胀系数的不一致，使电子电路的稳定性发生变化。

(6) 电阻器件阻值变化，使继电器和磁动、热动装置的接通/断开范围发生变化。

(7) 复合材料放气、固体火药或药柱起裂纹使爆炸物或推进剂的燃烧加速。

(8) 浇注的炸药在其壳体内膨胀，使炸药熔化和硫化。

(9) 炮弹、炸弹等密封壳体内部产生很高的内压力。

(10) 油脂变稀，润滑作用降低，密封性能变差，出现摩擦体故障和密封失效等问题。

在热带地区作战，高温环境通常对装备产生较大影响。第二次世界大战期间，美军运往亚洲和非洲沙漠、高原、热带及亚热带地区作战的军事装备，由于对环境的适应能力差，产生腐蚀、霉变，造成机件失灵，甚至完全丧失战斗力。其中运往远东的航空电子产品中 60%不能使用。各国的调查资料也证实了高温环境对装备的影响。例如，英国的雷达在欧洲平均无故障时间为 116 h，在地中海则降为 61 h，而在东南亚仅为 18 h。1971 年美军调查表明，美国移动雷达系统在热带地区仅工作 22 天就有许多元件失效；坦克在热带地区仅使用了 30 天，14 辆坦克中有 10 辆损坏；美军班排电台在陆地试验通信距离远超过原设计指标(1600 m)，但在热带地区通信距离不到 900 m。1998 年 8 月，美国总审计局发表报告称：隐身复合材料在过热的环境中会丧失吸收雷达波的能力，F-117 隐形战斗机只有在低空或低温条件下才具有隐身效果，到了高空和高温环境中则完全丧失隐身的功能。

2. 低温环境

低温环境对材料的机械性能、电气性能、热性能都会产生影响，从而导致装备性能下降、失效甚至损毁。低温环境对装备的影响具体有：

(1) 会使材料硬化和脆化，强度下降，抗冲击、载荷能力减弱，易断裂。

(2) 引起材料收缩(少数负温度系数的材料在低温下则膨胀)，配合间隙发生变化，使机械动作迟缓或停止。

(3) 湿气冷凝、冻结，出现霜冻和结冰现象，使光学仪器的观测性能下降。

(4) 电阻、电容数值发生变化，电缆、电容器损坏，使电器仪表、自动控制系统的性能和可靠性降低。

(5) 润滑剂黏度增加，变稠或固化，失去润滑特性。

(6) 防冻液冻结，影响机械动作的质量和精度，尤其是液压动作系统最敏感。

(7) 橡胶、塑料制品机械强度减弱，产生硬化、龟裂现象，失去弹性，使减震和密封失效。

(8) 固体炸药(如硝酸铵)产生裂纹，使固体火药燃烧速度改变，弹药性能下降。

(9) 电动机、内燃机启动困难，蓄电池容量降低、性能下降，使使用寿命缩短。

在装备发展历史上，低温环境多次成为影响装备发展和战争进程的重要因素。例如：第二次世界大战期间，德军坦克在苏德战场上因低温不能启动而无法抵抗苏军发动的突击，成为德军走向失败的转折点；在朝鲜战场上，美军电子装备由于不适应寒冷气候，其中 80%发生了故障；1986年 1 月 26 日，美国"挑战者"号航天飞机升空 74 s 后便发生爆炸，机上7 名宇航员全部遇难，原因就是"挑战者"号右侧固体火箭发动机尾部装配接头的小聚硫橡胶环型压力密封圈不能适应低温环境，过早地老化而失效，出现裂纹导致密封不好，使燃料外泄，引起爆炸，这次严重事故的直接经济损失高达 14 亿美元，同时还严重地打乱了美国航天发展计划。

3. 高湿环境

湿度一直是影响装备性能的重要因素。高湿环境对装备的影响具体有：

(1) 空气中的湿度过高，会在装备表面形成水膜，表面金属腐蚀，木材、纸张、纺织品、纤维板和亲水性塑料发生变质或膨胀，导致机械强度丧失。

(2) 引起光学仪器表面起雾，影响仪表判读效果。

(3) 对玻璃产生化学作用，使玻璃性能恶化。

(4) 水汽凝结并向密封组件中渗透，促进微生物的生长，加速了密封组件的损坏。

(5) 电子设备和精密仪表元器件焊点受潮腐蚀而引起断路或改变电气性能，造成设备、仪器性能下降或失灵。

(6) 炸药和推进剂吸潮，导致性能降低。

(7) 材料物理强度降低，润滑性能下降，隔热特性变化，复合材料分层，弹性或塑性改变等。

在 20 世纪 60 年代的越南战争中，由于美军装备不适应热带雨林气候环境，大部分通信设备不能工作；配发的 M16 自动步枪发现机械故障；所有机枪、迫击炮、榴弹炮和坦克炮等轻重武器极易出现锈蚀并产生"麻膛"现象；各式武器保养用品(如清洁液、润滑油、防锈油)的清洁、润滑、防锈功能几乎完全失效，给美军造成了很大损失。经调查后发现，造成武器锈蚀的主要原因在于东南亚地区所处的环境平均相对湿度为 80%～90%，任何武器只要置于这种环境中数小时就会生锈。20 世纪 80 年代，据美国国防部对价值 18 亿美元、总质量近 380 万吨的三军库存常规弹药进行的调查表明，由于美国本土、欧洲、太平洋等地区潮湿环境造成的腐蚀和变质，仅陆军维修和销毁的弹药就高达 11 万多吨。

4. 沙尘环境

沙尘对装备的破坏作用表现为磨损、沉积、堵塞等多种形式。沙尘环境对装备的影响具体有：

(1) 装备零配件磨损加快，坦克、飞机及车辆耗油量增大，造成过滤器的沙堵。

(2) 发动机过滤器堵塞，加速制动系统卡死，装备活动部件产生故障。

(3) 沙尘沉积可增大接触电阻，造成电路短路。

(4) 沙尘与空气摩擦产生静电，最大电压可达 3000 V，对通信、雷达等电子设备有破坏作用。

(5) 沙漠的酷热环境可能会引起钢材变形，橡胶或金属构件产生松动、膨胀或断裂等。

(6) 风沙和高温会使精密的电子装备运转不正常或失灵，电子线路被热化后黏在一起。

(7) 风沙使飞行员、驾驶员目视分辨力下降，难以辨认远处地平线上的沙漠和天空，与地面车辆失去目视联系，从而导致飞行事故和行驶故障。

海湾战争中，沙尘环境对多国部队的飞机、坦克造成了严重损伤。多国部队集结的 1700 多架军用直升机损伤了 21 架，其中 16 架均为非战斗损伤，恶劣的沙漠环境则是最重要的原因。CH-47，CH-53 和"山猫"等直升机上未装粒子分离器的发动机在沙尘的作用下平均故障间隔时间(MTRF)大大缩短为 30～50 h；即使装有整体粒子分离器的 UH-60 直升机的 T700 发动机，由于每天频繁起落(10～12 次)和近地悬停，MTBF 也缩短到 100～125 h，以致被迫采取改变飞行程序、转移至硬地起落和改进维修程序等方法来延长发动机拆换时间。由于沙漠环境的影响，美军坦克的瞄准系统偏差大而造成打不中目标，红外夜视装置无法识别敌我目标而造成误伤。海湾战争后，英军在沙漠大规模军事演习中也暴露了诸多装备的环境适应性问题。例如："挑战者"2 型主战坦克只能在沙漠中开行 4 h；SA80-A2 步枪因沙尘而卡壳；AS90 自动火炮上的塑胶空气过滤器在高温下熔化；近半数"山猫"直升机的 MTRF 仅为 27 h。针对这些问题，美英等国均对装备采取了防沙尘改进措施。例如：美国西科斯基公司对 CH-54A 直升机装配的 JFTD-32 涡轴发动机采用了进气净化措施；英国皇家海军在其全部 CH-47 直升机发动机上都增装了粒子分离器等。

5. 应力环境

机械应力是造成装备损坏的重要原因。冲击和振动可引起装备构件和零部件的疲劳、变形或断裂，原有作用力平衡被破坏，设备功能发生变化，并对人员或设备造成间接伤害或破坏。应力环境对装备的影响具体有：

(1) 装备表面处理层产生裂纹和爆皮，配合面擦伤，导致组件间摩擦力变化。

(2) 销子、簧片、减震装置、紧固件、连接件或其他结构和非结构元器件在过应力的作用下产生永久性机械变形，加速结构疲劳或损坏。

(3) 电子和电气类装备构件的绝缘强度改变，绝缘电阻下降，导致磁场和静电场强度发生变化。

(4) 电路板、电接头、电热丝和灯丝线圈损坏，使电路遭到破坏。

(5) 容器中的液体晃动起沫，旋转部件磨损腐蚀，光学系统失调，密封件失效等。

美国空军装备的 F-4 飞机曾经在使用过程中发现平尾摇管出现裂纹，结果迫使美国 1600 多架 F-4 飞机和其他国家 60 多架 F-4 飞机全部停飞检查。后经查明是由于材料的环境适应性差，对应力腐蚀比较敏感造成的。F-111 飞机也曾经发生过可变翼枢轴接头空中折断的严重飞行事故，结果迫使美国空军装备的 F-111 飞机全部停飞，后经查明是由于锻造缺陷和应力腐蚀疲劳断裂造成的，采取相应的预防和改进措施后，才恢复了正常的生产和飞行。"阿帕奇"武装直升机自研制试飞以来，发生了2050多起事故，坠机50多架，特别是在科索沃战争中，在短短的9天内接连坠毁2架。经检测发现，该机自1985年诞生之日起就存在严重的机械缺陷，如直升机的桨叶在高速飞行过程中会突然折断等。

6．电磁环境

电磁环境对导弹等装备及其电子系统都能产生破坏和干扰作用。电磁辐射对导弹系统的干扰主要是电磁辐射使电子系统引入了附加信号，从而使控制系统失灵，工作性能改变，导致工作紊乱、操纵失灵等。电子干扰造成的电磁辐射对导弹造成的损坏很小，但是由于电子干扰的针对性，电磁辐射对电子系统的干扰作用会更大，造成雷达和导弹导航系统或精确制导系统工作失常甚至完全不能工作。电磁辐射还可使通信受阻、电力系统功能损坏。电磁辐射产生的电磁脉冲通过天线、动力线、电信线路及铁轨与金属管道等渠道，以电感应、磁感应、电子耦合等方式进入通信设备和电力电缆系统，造成动力电网局部受损甚至瘫痪，通信设备的敏感部件损坏、电击穿甚至烧毁，保险熔断，光导纤维传输损耗增大等，使通信中断，指挥失灵。另外，电磁环境还可使装备产生过热和击穿电气绝缘，烧毁电子元器件，引爆火药及可燃油类以及气体燃烧或爆炸等。

严酷的电磁环境对现代化装备构成了严重威胁。1962年，美国两枚民兵Ⅱ型导弹因受电磁脉冲干扰而失灵，导弹在飞行中炸毁。1967年，美国大力神ⅢC-10和C-14运载火箭均因制导计算机受电磁干扰而导致发射故障。电磁干扰还致使美国一枚宇宙神导弹在发射升空数秒后爆炸，造成发射台严重损毁的事故。越南战争期间，大量电磁干扰问题明显影响了美海军舰队的装备运用，以致美军舰队的作战能力因受到电磁干扰而降低。事实上，舰艇受到的电磁干扰对作战舰艇的制约与限制在海战中已给舰艇带来了严重的后果。1980 年，英阿马岛之战中，英国谢菲尔德号驱逐舰因雷达与通信系统间的电磁串扰而被阿根廷飞鱼导弹击中,酿成舰毁人亡的惨剧。火箭弹、装有无线电引信的炮弹、通信系统等因受电磁干扰而造成的事故也时有发生。

1.3　装备发展及装备运用环境的影响

高技术的广泛应用带来装备性能、系统复杂性、技术难度的大幅提高，信息化战争条件催生了非线式作战、精确作战、体系作战等概念的提出，这些都给环境影响研究提出了新课题，也为分析装备运用环境提供了新视角。

1. 装备性能提高与环境影响

武器装备性能的提高使武器装备"正常使用"的环境范围显著扩大，例如红外夜视技术在一定程度上克服了黑夜的影响,从而出现了"全天候"武器装备。但武器装备正常使用环境范围的扩大，也使得在宽广环境范围内因环境影响而造成武器装备实战效果更容易出现差别。在海湾战争、科索沃战争中,武器装备在正常使用的环境范围内出现了环境影响武器装备作战效能的严重后果。导致这些事故的原因不是武器装备正常使用的环境范围确定得不恰当或环境保障有问题，而是定型验收环境试验不充分或者没有覆盖武器装备正常使用的环境范围，从而没有发现实战中出现的环境影响问题。例如，精确打击武器出现脱靶和误伤，主要是由于从雷达跟踪转为光学跟踪时，在雷达跟踪的时段内环境的累计影响超出了光学跟踪的最大视野。也就是说，这种精确制导技术在提高武器装备作战效能的同时，也放大了精确打击武器在正常使用环境范围内作战效果与实战效果的差别。

2. 装备系统复杂性与环境影响

武器装备系统的复杂性使环境影响出现"牵一发而动全身"的后果，如"挑战者"号航天飞机的失事。当时，天气预报已准确预报出降温的天气，也考虑到低温会影响密封胶圈的性能，但还坚持气温达到0℃以上的"发射条件"，却没有定量估计影响后果，更没有进行整个系统的环境影响模拟，难以预测灾难性的后果，所以作出了错误的决策。航天飞机虽然不是典型武器装备，但环境对复杂系统的作用原理却是一样的。

3. 装备作战要求与环境影响

新装备的多功能和高性能指标导致装备数量及其安装密度大大增加，装备的部署和作战空域、地域越来越宽，从而使其经受的自然环境和平台动力学环境要求越来越高，导致对其环境设计要求大大提高。此外，装备打击目标的精度受环境的影响越来越大，精度的提高导致对装备环境适应性要求的提高；核武器和生化武器的发展，对装备耐核生化环境的影响提出了新的要求；装备信息化带来电子信息设备大量增加，以及隐身、隐形技术的采用，也加大了耐环境能力问题解决的难度。

4. 装备成本提高与环境影响

装备费用的大幅度提高，迫使人们不得不重新审视环境影响问题。例如，美军在全球战略情况下，在环境工程初级层次也不得不分气候区域设计武器装备，而且使环境试验的充分性和覆盖度更加突出。另外，美军研制和应用了一些"环境影响辅助决策系统"来解决相关问题。

总之，装备发展突出了分析和实现装备运用环境影响效益的重要性，环境对装备的影响不再只是安全储存和正常使用的问题，而更重要的是，在正常使用的环境范围内具有不同的作战效果和效益。装备运用环境影响装备实战性能，因而成为衡量战斗力的重要因子。因此，必须定量化研究装备运用环境的影响，进行实际环境下装备性能评估，建立环境试验体系，克服充分性和覆盖度严重不足的缺陷等，促进装备运用环境研究的发展、深化和融合。

第二章　地　形　环　境

　　地形是陆地战场环境的主体,它是地表自然起伏的形态和地面固定物体的总称,前者称为地貌,后者称为地物。地貌主要包括山地、平坦地、丘陵地、水网稻田地、沙漠和戈壁等,它是构成地形形态的主体和基础。地物主要包括陆地水系、植被、居民地和道路等。

　　任何武器的使用和部队的编成必须适应预定战区的地形特点才能充分发挥人与武器相结合而产生的巨大战斗力。在武器装备的设计和制造阶段一般就要考虑其投入地区的地形特点,以做到最佳匹配而充分发挥其性能。例如:针对地形的遮蔽程度,设计和制造了加农炮、榴弹炮、加榴炮等;针对水网稻田地,设计、制造了轻型坦克、水陆坦克、气垫船等。随着战争进入新的高技术战争阶段,地形对各种军事行动的影响更加细微,作战双方都力争在对己有利的地形条件上作战,以保证取得作战的胜利。

2.1　地形地貌环境及影响

　　地貌是各种不同的地形要素不等量的自然组合,其对装备运用的影响是各种地形要素影响装备运用的复合叠加。要分析地貌对装备运用的影响,就必须分析掌握地貌诸要素(山地、平坦地、丘陵地、水网稻田地等)

各自的特点、基本作战性能等。

2.1.1 山地

山地是地表相对高度大于 200 m 的起伏不平地区，是山岭、山间谷地和山间盆地的总称。连绵分布的山地称为山区，具有较明显延伸方向的山地称为山脉。根据绝对高度及相对高差，山地可以分为极高、高、中和低四类，如表 2-1 所示。

表 2-1　山 地 分 类

山地类别	名称	绝对高度/m	相对高度/m
极高	—	>5000	—
高	深切割	3500～5000	>1000
	中等切割		500～1000
	浅切割		100～500
中	深切割	1000～3500	>1000
	中等切割		500～1000
	浅切割		100～500
低	中等切割	500～1000	500～1000
	浅切割		100～500

山地的特点是：地面起伏显著，坡度大，地势险峻；河谷狭窄，两岸陡峭；气候随着山的高度不同而变化；山地植被疏密不等，因地而异，如湿润、半湿润地区山地植被茂密，干旱及半干旱地区植被稀疏；道路稀少，多为崎岖小径，主要道路多沿山谷分布，交通不便；地形复杂，人烟稀少。高山只适于分队行动，不会作为大规模战场。中山只适于分队行动，在地形条件适宜的地域，可选作为国防基地、战略导弹发射场及战略后方等。低山是重要的军事活动场所，也可作为部队作战、国防施工和国防工业场所。

山地的地貌单元通常由山顶、鞍部、山背、山谷、山脊和斜面等地貌元素组成。它们对装备运用有着不同的军事意义，具体如下：

(1) 山顶。形态高突，展望良好，是观察所的理想选择位置；由于对四周具有瞰制作用，若位居要冲，常被选为地形要点；形状、颜色特殊的山顶是指示目标的良好方位物，如高大透空的山顶是夜间行进可利用的目标。

(2) 鞍部。道路翻越山岭，一般由鞍部通过，当有重要道路通过且其两侧地形险峻时，则称为隘口，是敌对双方争夺的咽喉要地。

(3) 山背。向外凸出，便于观察、射击，常在山背的突起部位设置观察所、挖掘堑壕和构筑射击工事，可以以火力控制正面和两侧谷地，若山背坡度较缓，则常被作为攻方的进攻路线。

(4) 山谷。地势低凹，利于部队隐蔽、伪装和防护，但若施放毒剂，则毒剂滞留时间长；声音顺谷方向传播得快而远，但翻山的横向传播则很差；战时可实施隐蔽机动或选作炮兵阵地。

(5) 山脊。山脊的走向反映地貌的分布特征。横向山脊利于防御，可以用较少的兵力控制较宽的正面；纵向山脊不利于防守。山脊的分布形态常常是指挥员确定阵地编成、火器配置和战斗队形的重要依据之一。

(6) 斜面。斜面形状影响堑壕的挖掘位置和火器配置，在等齐斜面边界线附近挖掘一条堑壕，可以用火力控制整个斜面，在凸形和凹形斜面通常需有两条堑壕，在波形斜面至少需要两条以上的堑壕方能控制整个斜面，且死角多。斜面的坡度和长度影响攻方的冲击速度、机动能力和体力消耗。

上述元素在山地、丘陵地貌中表现充分，而在平原地貌上只是总体形态有所表现。

地貌影响装备运用的主要因素为坡度、高差与高程、起伏频率和切割度。

(1) 坡度。影响部队的运动。根据实验,坡度对越野机动的影响如表2-2和表2-3所示。

表2-2　战斗车辆在不同坡度上的运动速度

装备	不同坡度下的运动速度/(km/h)				极限坡度
	3°～6°	6°～10°	10°～15°	15°～30°	
越野车	20～15	15～12	12～8	5～3	20°～45°
牵引车	12～10	10～7	7～5	5～3	17°～30°
装甲车	15～12	12～10	10～6	6～4	30°～40°
说明	装甲车可通过30°～40°坡;地面湿软时,运动速度降低,或用地面装备辅助通过				

表2-3　各种战斗车辆最大爬坡能力

车辆型号	最大爬坡度	车辆型号	最大爬坡度	车辆型号	最大爬坡度
59中型坦克	30°	M1A1坦克	31°	ZTZ88型坦克	31°
69中型坦克	32°	"挑战者"1坦克	30°	T80坦克	31°
62中型坦克	35°	"豹"2坦克	31°	自行火炮	32°
63中型坦克	35°	日本90式坦克	31°	汽车	28°
T72中型坦克	31°	"阿琼"坦克	31°	牵引车	20°
说明	指标值一般由试验场地测定,装备的实际值一般大于指标值				

(2) 高差与高程。大的高差既影响爬山速度,又会增加被杀伤时间。据统计,在海拔2 km以下的平坦地域上徒步行进,每小时可达4 km;上坡,由于行进时既包含水平移动,又包含爬高,体力消耗大,在一般的坡度上,每爬高300 m需要1 h,下坡每下降500 m需1 h。因此,在山地行进既要考虑水平距离行进时间,还要顾及上下坡高差所用的行进时间,它们两者之和,才是山地行进所需的总时间。

(3) 起伏频率与切割度。作战行进方向上单位距离(以 km 计)内地貌起伏的次数叫作起伏频率。起伏频率大，影响机动速度，增大体力消耗，观察死角多，射击效果差，但隐蔽条件好，利于对核化武器袭击的防护，利守不利攻。地表受外力作用或其他影响，使地面形态发生的垂直变化(如沟壑、坑穴、陡崖、滑坡等微地貌形态)叫作切割形态。单位距离(以 km 计)内出现阻碍部队行动的次数叫切割度。目前，坦克和其他战斗车辆越沟和过竖壁的能力如表 2-4 所示，凡实际数值大于表中所列值的都对战斗车辆机动构成障碍。

表 2-4　战斗车辆克障能力

装备种类	可通过崖壁高度/m	可通过壕沟宽度/m
装甲车辆	≤0.85	≤2.7
履带牵引车	0.4～0.6	1.6～2.0
越野车	—	0.5～0.8

山岭、山间谷地和山间盆地是山地构成的基本单元。连绵分布的山地中，山间谷地往往是山区内的重要通道，山间谷地汇合点一般是山间盆地。山区大大小小的山间盆地构成山区的交通枢纽，也是屯集兵力、储备物资、筹集给养的良好基地和作战后方。盆地是指当平原四周被山地环绕时，平原与面向平原的山地共同组成的地貌单元，其几何特征是四周地势高、中部地势低。盆地的景观特征和地形特点均受气候和地表物质结构的控制。处于干旱、半干旱地区的盆地，其四周为常年受剥蚀的山地，底部多沙漠、戈壁或草地，多数为少数民族居住区，人口稀少，经济落后，多为牧业区；位于湿润、半湿润地区的盆地，四周为被林地覆盖的流水侵蚀山地，底部为平原或丘陵，人口密集，经济条件良好，多为农业区和工业区。盆地的军事地理特点是：区域封闭，交通不便，尤其与外区的通达性受到较大限制，陆路和水路被限于几个咽喉通道上，空路则比较自由。

部队在山地行动，只要控制了盆地也就取得了行动的自由，而重要盆地一旦丢失，部队就会被分割，行动就会失去自由，因此，盆地的得失就成了交战双方关注的中心环节。而要控制盆地，就必须首先控制通道。从盆地、通道、制高点三者之间的关系来看，部队在山地的装备运用，只能以保守盆地为中心，以沟谷通道为轴线，以控制盆地(口子)的周围高地为重点。因此，依托高地，"卡口、制谷、保盆地"就成了山地作战的基本方针。

沟谷通道因地形结构的不同，大致可分为隘口通道和川谷通道两种。隘口通道一般由两条相对的沟谷和一个隘口组成。隘口位于山岭的鞍部，两侧是沟谷的端点，两沟谷的谷口与盆地相连。从谷口到隘口地势逐步升高，纵深达几千米到十几千米。这种通道的隘口是通道中最高最险要的地段，也是交通线路的关键点，有居高临下之势。隘口一般不作为防御的前沿，而是作为防御的底线，在其前地域构筑坑道工事，形成筑垒地域，组成纵深梯次防御体系，以长期坚守。这种通道的缺点是地幅较窄，对重型技术装备的使用限制较大，兵力机动和战场补给也比较困难。川谷通道一般位于两条较大的平行山岭之间，两端与盆地或平原相连，纵深可达几十千米到上百千米。这种通道一般都有较大的河流纵贯其间，谷底平坦，宽窄不一，最窄处三五百米，最宽处达数千米。由于地面的蜿蜒起伏，因此在通道沿线形成了许多险要的峡口。这种峡口形如闸门，便于封锁，是防御部队重点守备、阻止对方长驱直入、实施节节抗击的有利地形。这种通道的缺点是谷底平坦宽阔，便于机械化部队展开，不易构成稳定的防御体系。从通道上的谷口、隘口、峡口来看，附近的制高点是防守的关键地段，也是攻守双方反复争夺的要点。

2.1.2 丘陵地

按其地貌特点，丘陵地是介于山地与平原之间的一种过渡地形，它的分布不受海拔高度的限制，无论在高原、盆地或平原间都有分布。军事上通常以地面起伏较缓、高差在 200 m 以下、海拔在 500 m 以下等特征来与山地相区别。丘陵地区，一般坡度缓和，山丘之间分布有宽大河谷和开阔地。丘陵地按高度分类如表 2-5 所示。

表 2-5　丘陵地分类

丘陵地	高程/m	特　点
低丘陵	<900	丘陵密林地形,居民地较多，水系发达
中丘陵	900～3500	
高丘陵	3500～5000	有草原、沙漠、戈壁

丘陵地对装备运用的影响与山地相比,对部队的机动和技术兵器的使用限制较小，便于诸兵种组织指挥、通信联络、隐蔽机动，战场容量大，适合大兵团协同作战。由于高差不大，展望相对良好，射界比较开阔，便于作为指挥所、观察所、制高点和各种火器射击阵地。一般来说，在丘陵地作战，既利于攻，也利于防。所以，丘陵地是平时部队演习、训练的一种典型地形。

对于防守方来讲，丘陵地土层较厚，适合人类居住，一般人烟较多，村庄多傍丘近谷，城镇多位于广阔的谷地和水陆交通要冲，易就地取材，便于构筑野战工事、布置兵力兵器、设置防坦克工程。丘陵地特产丰富，便于部队后勤补给。由于地形起伏，对核武器袭击有较好的天然防护作用，但山谷凹地容易滞留毒剂。峡谷、冲沟是天然防坦克障碍，南方丘陵地的水稻田、梯田对部队尤其对机械化部队越野机动有一定的障碍作用，可利用纵深高地组织多层次、多支撑点式防御。

对于进攻方来讲，在丘陵地组织部队作战，由于高差小，坡度缓，起伏多，便于隐蔽接敌、实施穿插、迂回包围，在错综的丘陵上也可选择到较好、较高的观察所位置，因而对部队的运动、射击、观察、隐蔽都较方便。但与山地比较，丘陵地起伏小，部队在丘陵地作战时，除要沿道路机动外，常常需要进行广泛的越野机动。因此，丘陵地特别是道路和谷地两侧地形的断绝程度，如断崖、冲沟、梯田、河流、池塘和水库等的分布及其状况就成为影响装备运用的重要因素。

从总体上看，丘陵地的军事作用主要有障碍性、遮蔽性、掩蔽性。障碍性，即断绝或阻碍地面部队行动的作用。地貌起伏程度不同，其障碍性也不同。通常，山地障碍性较大，丘陵地则由于地表起伏小，障碍性也小。遮蔽性指地表起伏能遮挡观察视线，遮蔽性与地面起伏程度和切割程度相关，地面起伏越大，遮蔽性越强。掩蔽性，即指山体能减弱武器的杀伤力和破坏力。山体可直接阻挡直瞄武器的射击，减弱爆炸物的冲击波，掩护人员和武器装备。

2.1.3 平坦地

陆地地表地势平坦，起伏微小的大片区域称为平坦地，根据高程可分为平原和高原。

平原是一种广阔、平坦、地势起伏很小的地貌形态。平原面积差异大，如：东欧平原(或俄罗斯平原)面积达 400 万平方公里，是世界上最大的平原；西西伯利亚平原与亚马孙平原面积达到 280 万平方公里；拉普拉塔平

原、北美大平原和图兰平原面积也在 150 万平方公里左右；我国的平原则以松辽平原(25 万平方公里)、华北平原(16 万平方公里)和长江下游平原(5 万平方公里)面积最大。由于平原土质肥沃，是地球上最主要的农业区域和人口最稠密的地区。同时，工业和交通也最为发达，城市大而多，人口高度集中。所以，平原是人类最重要的生息场所，也是古今最重要的战争地域。平原战场容量大，适于大兵团作战。从世界战争史看，在平原地区作战，便于双方投入大量兵力，实施大规模的攻防战役。20 世纪以来，一些大的战役，其主战场多在平原地带。解放战争的淮海战役、辽沈战役、平津战役的主战场都是在平原，每个战役双方投入总兵力均在 100 万人以上，是大规模的战役。

在平原地区作战，防坦克、防火力袭击问题突出。防御作战难以寻找可以坚守的有利地形，不易选择和构筑各种阵地，通常要加大防御纵深，进行大规模的阵地建设，形成既能独立坚守又能彼此紧密联系的防御体系。城镇、河岸、居民地、突出的山丘在整个防御体系中有重要作用。平原地区进攻作战，便于迅速机动和集中兵力，实施多路、多方向、多梯次地连续突击，便于广泛实施迂回包围，使作战在正面、翼侧和后方全纵深同时展开，便于指挥、协同和便于追击。

平原一般无险可守，易攻难守。大的居民地常成为攻防的要点，也是航空兵、远程武器袭击的目标；独立高地、高大的土堆、土堤和高大建筑物则成为攻防双方争夺的焦点。所以，平原防御应善于利用和改造地形，注意战场建设。

高原一般为海拔 1000 m 以上的广阔平缓地区，以较大的海拔高度区别于平原，又以较大的平缓地面和较小的起伏区别于山地。高原的主要问题是干旱缺水，或者高寒缺氧，周围一般为陡峭的山地。

高原对装备运用的影响视其地理位置、高度、切割程度等条件的不同而有明显的差异。沟壑纵横的高原交通困难，峡谷深涧限制部队机动和技术兵器使用。海拔高的高原，空气稀薄、气候寒冷、人烟稀少，人员行动体力消耗大，车辆机动速度低，通信、补给均较困难。内陆气候干燥区的高原顶面被沙漠、戈壁覆盖形成特殊的景观，对作战的影响主要是缺水、浮土和沙暴。

2.1.4　水网稻田地

江河、沟渠纵横交错，湖泊、池塘密布，遍布水稻田的地区叫水网稻田地。

水网稻田地的地形特点为：

(1) 水网稻田地一般较平坦，视界和射界一般较开阔，但受季节影响，冬春季节较好，夏秋季节受农作物影响较大。

(2) 由于高地较少，选择制高点、指挥所和观察所较难。炮兵不易选择隐蔽发射阵地，只能选在居民地、密集树林或河堤之后。直瞄火器受遮蔽物的影响，射击困难。

(3) 有错综稠密的江河、沟渠和遍地水稻田，且岸陡水深，河底有淤泥，易形成断绝地。水网稻田地区的居民地多位于地势较高的江河两岸，除少数城镇外，一般小而人员稠密，房屋建筑不甚坚固。作战时应善于利用横向河流、沟渠、村镇、土丘、高地和环水地域等有利地形。

(4) 地下水位较高，渗水太快，即便使用爆破法，一般 8 h 后即开始渗水，工程构筑困难。故多采用堆积式、半堆积式构工方法，或采用预制工事构件进行工事构筑。

水网稻田地地形极不利于机动。稻田灌水季节稻田积水泥泞，地表承载力小。坦克在稻田中运动下陷可达 20～40 cm，履带容易打滑，易使发动机负荷过重而损坏机件，机动速度一般不超过 6～10 km/h；轮式车辆不能越野机动，人员徒步运动下陷可达 15～30 cm。因此，部队只能沿少有的公路机动，且难于选择迂回路线。战时可通过筹集部分就地器材以便铺垫和加固通路，改善通行条件。坦克在水网稻田地区行动要力争选择距离最短的路线，缩短坦克在稻田内运动距离，减少淤陷的机会，提高机动速度。非灌水季节，坦克越野机动情况较好，但公路稀少，乡村道路狭窄，桥梁少且较脆弱，易受江河、池塘阻碍，且敌方也可能制造水障阻挡坦克机动。

从水网稻田地的地形特点可以看出，水网稻田地影响部队装备运用的主要因素为水、路、居民地、小高地、土丘和方位物等。水、路是影响部队机动的主要因素，而路通过水又依赖于桥梁、徒涉场和渡口。因此，我军军(师)战斗条令指出："军(师)组织进攻时，对地形侦察，应详细查明：道路、桥梁、渡口、河流、沟渠、湖泊和稻田地的状况及其障碍程度，以及利于我方实施突破和迂回包围的水、陆运动路线等。"

居民地、小高地、土丘等由于地势较高，便于观察、射击和构筑工事，因此可成为防御的依托。有些居民地是水路交通枢纽，更是攻、防双方争夺的要点。军(师)战斗条令同样指出"军(师)在水网稻田地组织防御时，应以主要兵力扼守纵向河流和道路较多、便于敌机动的方向及地区"，并指出"军(师)应充分利用水路交通枢纽、环水地域、村镇、高地构成要点并形成疏散的纵深防御阵地"。

2.1.5　沙漠和戈壁

被松散沙粒所覆盖的广袤地表称为沙漠；而被大小不一的碎砾石所覆盖的广阔地表称为戈壁。我国内蒙古高原和新疆地区分布有大面积的沙漠和戈壁。

沙漠地形比较平坦开阔，视界和射界较广阔，但不便于部队隐蔽伪装，构筑的工事易倒塌。沙漠地面松软，多流沙，道路稀少，车辆通行困难，且车辆油耗和人员、马匹体力消耗大。常因风沙弥漫和缺少方位物，容易迷失方向，部队越野应按方位角行进。戈壁地区多砾石，地面平坦、坚硬，便于车辆越野行进，但水源缺少，草木罕见。沙漠戈壁气候恶劣，多暴风沙，风向较多；气温变化剧烈，冬季严寒，温度低达−30℃～20℃，夏季酷热，温度高达50℃～60℃，昼夜温差可达30℃～40℃，部队容易中暑和冻伤。沙漠地区人烟和植物稀少，气候干燥，水源和农产品缺乏，宿营、就地补给、消除污染和卫生处理困难，后勤保障任务重。沙漠对原子袭击的防护能力较小，由于反射辐射热的作用较强，因此危险程度也较大。另外，施放的毒剂和放射性物质一般散播较快。

在沙漠地区作战，部队通过沙漠戈壁的能力受到很大的限制，但随着运输工具和武器装备的不断改善，在沙漠戈壁这种特殊和复杂条件下作战的规模也日益扩大。

沙漠戈壁区域辽阔，地形平坦，能同时展开大量部队，能充分发挥部队的机动能力。沙漠戈壁缺少天然遮障和掩蔽地，部队隐蔽伪装困难，但便于航空兵空中侦察，也便于航空兵实施机场机动，同时又造成判定方位和寻找目标困难。由于尘沙对飞机机件有不良影响，因此需要加强保养和维修飞机机件。

开阔平坦的沙漠戈壁便于有效地使用核武器，冲击波能传播较远，加上沙漠戈壁构筑防御工事困难(尤其在流沙地)，天然的掩蔽地又较少，因此，冲击波的杀伤区域比在山地、丘陵地要大得多。在沙漠地，尤其在黄土地区，核爆炸会产生巨大的放射性尘柱，从而增大了地面的放射性沾染的面积，放射性物质随风沙飞扬也使地面放射性沾染面积增大。核袭击的目标除敌人的有生力量外，还有水源、绿洲、江河渡口、供给基地和道路交叉点。由于沙漠戈壁缺水，因此人员和技术装备的洗消也非常困难。

在沙漠戈壁，地貌相似，缺少地物，沙暴严重，地形变得难以辨认，加上流沙掩盖道路、井坑，不断改变地貌，地图往往不能反映流沙区的真实情况，因而部队难以判定方位，增加了指挥协同的困难。而且在沙漠戈壁作战时，往往作战地点相互隔绝，交通线很长，在战斗发展急剧变化的情况下，保障灵活而不间断地指挥显得非常重要。

为了便于在沙漠戈壁判定方位，可设人工方位物，如设置土坡、沙袋、石堆、芦苇标杆等，也可给部队绘制方位物要图和经常对地形进行航空照相等。

在沙漠戈壁作战，部队往往要远离供给基地和水源，因而物资、技术器材和水的保障工作也非常重要。例如，1940—1942 年英军和意军在北非都曾用野战供水管来解决给水问题，英军铺设了 260 km 的水管，意军铺设了 110 km 的水管。

沙漠气候干燥、炎热，气温变化剧烈，太阳辐射强烈，空气中含有大量的盐碱杂质尘沙，这对车辆的使用与维护带来了新的问题。冬季气温低时，发动机的机件收缩，机油变稠，启动阻力增大，汽缸内混合气的温度低，不易着火，造成发动机启动困难。发动机在低气温条件下工作时，功率下降，磨损增加，耗油量加大。水泵等常因水未放净或放水时温度过低而冻坏。润滑油由于低温而变稠使传动装置的阻力增大，磨损增加。低温下金属变脆，在坚硬的冰冻地面行驶的车辆，容易使部件损坏。因此防冻、保湿与维修措施要加强。

在炎热季节的高温下，坦克和汽车散热困难，冷却液温度过高，可引起发动机和机件过热，增大冷却管的用水量和蓄电池中电解液的消耗量。润滑油由于高温而变稀，容易产生漏油与甩油，致使机件增加磨损，甚至燃烧。无线电器材也会因过热而大大降低通信效率。

总之，沙漠戈壁影响装备运用的因素主要是土质、水源。因为干旱的大片沙漠对部队的作战活动产生了一系列的影响，从行军到后勤保障都会产生与一般平原不同的新问题。因此，对沙漠中土质变化的区分、可通行地域、道路情况、方位物、水源、绿洲和居民地等都是需要注意研究的地形要素。

2.1.6 地形地貌对装备运用的影响

地形地貌对装备运用的影响是多方面的，如部队机动、阵地选择、兵力部署、火力配系、工事构筑、隐蔽伪装、技术兵器的使用、战场观察和作战指挥等都受到地形的影响。而由于军兵种的不同，地形对诸军兵种行动的影响也是不同的，再加上地形又是多种多样的(如平坦地、丘陵地、山地、山林地、海岸、岛屿、居民地、水网稻田地、沙漠、草原和沼泽等)，因此，在研究地形对装备运用的影响时，必须分析其内在规律，抓住主要方面。一般来说，地形对装备运用的影响着重表现在下列 5 个方面。

1. 对机动的影响

部队在开进时，一般沿道路机动或越野机动。沿道路机动主要受道路的数量、质量及通行能力的影响。越野机动主要取决于地形特征和气象条件，即地面的高度、坡度和断绝程度，以及土壤的性质、植物的分布、天然障碍物(河流、湖泊、沼泽等)的分布和特征。研究地形对机动的影响的目的是要了解部队机动能力及影响通行的区域和路线，以及需要采取的措施，如选择迂回路线、修筑及急造行军道路、就地取材等。

2. 对观察、射击的影响

战场视界开阔，便于观察和判定方位，有利于发挥火力，是选择指挥所、观察所、射击阵地时必须考虑的条件。不同的地形(平原、山地、丘陵地和遮蔽地等)对视界和射界的影响是不同的。军事上常将视界开阔，射界良好，对周围地形具有瞰制作用的高地称为制高点。研究地形对观察、射击的影响，在于根据敌情和各种火器的战斗性能，从地形方面来确定其配置地域。海湾战争中，美军的坦克和装甲车辆装备了先进的探测仪和夜视仪，能在 3500 m 以外准确发现和击毁伊拉克坦克，这是沙漠平原地形为美军创造了这个良好条件。如果在山地、山岳丛林地或视界不开阔的地域，就不可能有这么好的效果。美军的高技术兵器在作战中发挥了较好的技术性能，得益于沙漠这一特殊的地形条件。这一点连美国防部长也直言不讳，他在致国会的白皮书中写道："我们在评估武器的性能时必须认识到，这些武器换一个环境可能不会产生那么好的结果。"

3．对隐蔽、伪装的影响

为防止敌人从地面和空中侦察我军的目标、意图和行动，需要利用天然的隐蔽和伪装物体(如森林、植被、雨裂、冲沟和起伏地形等)来隐藏部队，以便保障部队的配置与机动。

地形地貌对隐蔽和伪装的影响与对观察和射击的影响是对立统一的。一般来说，要充分利用地形的隐蔽和伪装条件来保存自己，利用有利于观察和射击的地形条件来消灭敌人。

4．对武器性能、工程构筑的影响

武器性能的发挥受到地形的限制，军事工程构筑的范围与性质及效率也要受地形起伏的状态、土壤、岩石的性质与厚度、就地取材的能力等因素影响。海湾战争中，沙漠地区的酷热和砂土使一些武器装备的精密系统发生故障，而不得不经常维修，甚至无法正常使用。地面和空中的沙粒，可增加飞机引擎和坦克发动机的磨损程度，甚至引起严重故障。例如：在"沙漠盾牌"作战初期，多国部队的飞机和直升机发生过几次坠毁事故，有的就是由沙尘引起的；风沙使美军"阿帕奇"直升机发动机工作 50 h就吸入了 80 lb(1 lb = 0.45359 kg)细沙，每飞行 1.5～2.4 h 就要更换零件。另外，沙漠地区的持续超高温影响电子设备和光学器材的性能，飞机上的先进雷达和其他设备上的计算机集成电路常因受高温影响而失灵。在软沙和高温影响下有 1/4 的榴弹炮牵引车胎爆胎。

5．防原子和防化学袭击的影响

在未来的反侵略战争中，由于科学技术的发展和原子弹、导弹、化学武器等的应用，我们必须认真研究地形对原子和化学武器袭击的影响。研究地形对原子和化学武器的防护性能，要根据地形(如地面坡度的陡缓、植被的分布、土壤的性质和水源情况等)分析可能遭受原子武器袭击的目标(如对部队装备运用影响大的目标(隘口、交通枢纽和机场等)、部队集中地域和指挥机构等)，采取有效措施，使这些目标避开原子袭击，以减少或避免原子袭击的损失。1945 年 8 月 6 日和 8 月 9 日，美国分别在日本的广岛和长崎投下 1 颗原子弹，爆炸方式均为空爆，爆炸当量为 2 万吨 TNT。广岛有 63%的建筑物被彻底毁坏，有 26%的人口死亡，而长崎只有 40%的建筑物被摧毁，17.5%的人口死亡。破坏和伤亡程度之所以有如此大的差别，重要原因之一就是受地形影响。广岛地势平坦，而长崎位于山地河谷地区，核爆炸威力受地形限制有了较大的削弱。地形对核爆炸产生的冲击波影响较大，面向爆炸方向的正斜面受冲击波的压力大，反斜面则受压力小。同时压力大小还与斜面坡度有关，正斜面坡度由 10° 增至 45° 时，压力系数增大一倍，而反斜面情况则相反，压力系数会减弱。

上述 5 个方面既是独立的，又是互相关联的。如：工程构筑时要考虑观察、射击、隐蔽、防原子和防化学等问题；部队通行时需考虑隐蔽和伪装问题。毛主席指出："世界上的事情是复杂的，是由各方面的因素决定的。看问题要从各方面去看，不能只从单方面看。"因此，在研究地形对装备运用影响的某一个方面时，必须全面分析，对比利弊，正确认识"地因兵而固，兵因地而强"的辩证关系。

2.2　植被环境及影响

全球陆地面积约占地球总面积的 1/3，但陆地生物群落的现存生物量却占了全球的 99%以上，可见，陆地生物群落在整个生物圈中起着至关重要的作用。由于陆地的环境条件非常复杂，从炎热多雨的赤道到冰雪覆盖的极地，从湿润的沿海到干燥的内陆，形成了各种各样的适应环境条件的生物群落和陆地生态系统。绿色植物是陆地生态系统中的生产者，也是与一定环境条件相适应的植物群落的组成成分和结构，决定着生活于其中的消费者和分解者的种类与构成，是对军事行动具有较大影响的地物。

2.2.1　植被类型及特征

地球上任一地区所覆盖的植物群落的总体称为植被，分为天然植被和人工植被。天然植被是某一地区内自然形成的植被；人工植被是人类为利用、改造自然，在长期的生产活动中栽培的植物群落总称，主要指各种农作物和人工林等。

植被的种类和生长情况与自然条件有着密切的关系，自然条件的差异形成了多种多样的植被类型。在植被类型中森林植被对军事行动的影响最为重要，其他类型植被的军事价值小于森林植被。植被在军事上最主要的作用是隐蔽作用，同时也有障碍作用。植被可以通过多种方式影响军事行动，部队在军事训练和作战时应充分考虑到植被的影响。

植被在空间和时间上的变化很大，使其对军事行动具有伪装、障碍、防护和指示作用。植被因种类、高矮、疏密和季节等不同，其伪装程度差别较大。植被的障碍作用取决于它的种类、高度、粗度、密度等。植被的防护性能也取决于植被高度、粗度和密度等。植被还具有方位作用，山坡上的成片树林，高而明显，可用于指示目标；大片的森林、果园，也是空中判定方位的良好方位物。在干旱地区植被可以指示地下水的埋藏深度，可据此寻找浅层地下水源。

植被分为森林和草原。森林是以乔木为主体的植被类型，也是陆地上分布最广泛的一种植被类型。据统计，现在世界林区面积共 4030 万平方公里，其中森林地面积 2800 万平方公里，灌丛和疏林地面积 1230 万平方公里。森林的分布决定于水热条件的结合状况。世界上主要的森林类型可分为针叶林、落叶阔叶林、常绿阔叶林、热带雨林、热带季雨林、红树林和灌木林等。

森林对军事行动的影响表现在：观察射击受到限制；林中道路稀少，机动受到限制；大片森林有碍视野，指挥协同困难；工程作业量大和后勤补给困难等。同时森林则为防御者提供了广泛设置各种障碍物、制造道路堵塞的可能性。

根据森林的位置、种类、大小和面积等的不同，森林的战略战术价值也有所不同，其中树木的大小和间隔是重要的因素。树木直径为 20～25 cm 的森林对坦克构成障碍，而 5 cm 以上直径的树木可以阻止大部分的轮式车辆。在作战中应注意利用森林隐蔽部队的配置和行动，以防敌人进行空中侦察。此外还需注意火灾和树木的倒落所造成的间接破坏给军事行动带来的不利影响。战时对植被类型进行侦察非常重要，因为作战区域树木的大小和树木之间的距离这两个特点很少有资料记载并且在不断变化，树木的大小和距离也难以从空中照相和遥感图像中加以确定。此外在森林地区进行攻防作战时，应进行特殊训练和周密的准备。

在森林地域进攻作战应特别考虑保持方向、控制部队、排除障碍物、扫清射界和开辟通路等问题，并应进行必要的训练和准备必要的装备器材。作战部队在森林内对防御之敌的进攻应尽量利用迂回包围战术。对森林前缘附近的敌人的进攻应夺取突出部，然后夺取森林前缘附近的目标。从森林内向外突围的部队，应在离开森林以前做好准备，防止在森林前缘遭到敌人的反冲击和炮火的射击。

在森林中防御作战应利用森林构成有组织的障碍。设置障碍物配置时，应注意最大限度地利用森林的特点，阻止敌人沿主要道路前进或向森林内渗透等。在森林内进行防御时，防御部队一般难以进行相互支援和火力协调的战斗，而进攻的敌人却能较自由地实施迂回、包围和渗透。在森林地域占领阵地时，森林边缘一般容易成为明显目标，因此设在森林边缘的阵地应特别注意隐蔽。分布在开阔地的小块森林容易成为明显的目标而吸引火力，一般不在那里占领阵地。在森林地域防御作战的指挥员应对森林地形特点、道路、可利用的天然障碍等进行现场勘察，判断其特点及对敌我双方战斗行动的影响，然后根据森林的特点，制定作战计划，搞好工程保障、后勤保障、通信联络和防空，以及对核、化学武器的防护。

北方针叶林在世界各地均有分布，主要分布在欧亚大陆的北部和北美洲的寒带和寒温带，其主要的代表性群落是泰加林。在北半球可分布到北纬70°附近，构成森林分布的北界；在海洋性气候影响下，南缘可分布到北纬42°附近。泰加林覆盖欧洲北部，西伯利亚、日本、北美洲的大部山区。中国大兴安岭林区也属这种森林类型。

泰加林树种组成简单，通常是由云杉、松树、落叶松等针叶树组成的杂有少量桦树和杨树的大面积树林。泰加林是俄语，意即沼泽林，因在生长季节时积雪消融，林地湿如沼泽而得名，美国称北方森林。泰加林分两种类型：一种是由落叶松组成的森林，冬季落叶，林冠稀疏，林内透光度大，草本层发达，被称为明亮针叶林；另一种是由云杉、冷杉等常绿针叶树种组成的森林，针叶深绿，林冠稠密，林内阴暗潮湿，称为阴暗针叶林。泰加林林相整齐，立木通直，树种简单，没有或很少有林下灌木丛。

泰加林分布于地球北部，夏季温暖而短暂，冬季严寒漫长，年降水量300～600 mm。其冬夏均能保持相当的伪装容量，全年均可为部队隐蔽集结和机动提供有利场所。部队在泰加林中作战，进攻时可增大行动的突然性，防御时可依托森林增强防御的积极性和稳定性。但由于林木稠密，林下沼泽多，缺乏道路，冬季积雪厚，部队机动困难，有些地方完全不能通行。此外林中蚊蝇较多，叮咬后易传染森林脑炎。

热带林分布于南北回归线之间，也称为热带丛林，包括 3 大森林类型。

(1) 热带雨林。年降水量一般在 2000 mm 以上，无明显的旱季。树种组成极为丰富，如马来半岛的热带雨林中植物达 9000 种以上。

(2) 热带季雨林。年降水量在 1000～2000 mm，有明显的旱季，旱季有部分落叶乔木，种类较雨林贫乏。在亚洲的季雨林中还广泛分布丛生竹林。

(3) 热带干旱林。年降水量在 1000 mm 以下，树木分布稀疏。

另外，热带海滨有红树林分布，沿海及岛屿多棕榈林。在军事上将热带林分布的地区称为热带丛林地，在军事训练和作战中将其视为一种特殊类型。热带丛林地对军事行动有着广泛的影响，在战史上因不熟悉从林地特点而导致失败的例子比比皆是。例如第二次世界大战中的亚洲太平洋地区的部分战场及战后的美国侵略越南的战争都是在热带丛林地区中进行的。

温带森林主要有落叶阔叶林和常绿阔叶林。落叶阔叶林又称夏绿林，主要分布于北纬30°～50°的温带地区。分布区一年四季分明，夏季温暖多雨，冬季寒冷干燥。乔木层由冬季落叶的阔叶树种组成，灌木层和草本层较发达。落叶阔叶林分布地区是人类军事活动频繁的地区。落叶阔叶林地区对军事行动的影响小于热带丛林和泰加林，但也有一定的屏护和障碍作用。此外落叶阔叶林的季相变化明显，在不同季节具有不同的军事影响。一般夏秋季的伪装保护作用较强，便于隐蔽军事行动，冬季隐蔽效果较差。常绿阔叶林分两种。一种是分布在大陆西岸及地中海沿岸的冬雨型硬叶常绿阔叶林，这类森林组成简单。在地中海沿岸主要由软木树、柑橘和油橄榄林组成，冬季温和多雨，夏季干燥炎热。一种是分布在大陆东岸的亚热带范围内，植物组成丰富，乔木层主要由喜暖热的樟科、壳斗科、木兰科等树种组成。乔木层下有较发达的灌木和草本层。

温带森林中还有一种特殊的类型是竹林。竹林主要分布在亚洲、美洲、非洲和大洋洲等地区，以亚洲分布最广泛。中国的竹类近300种，居世界之首。竹林外貌整齐，多为常绿。竹林一般只有两层，即由竹子组成的乔木和草本植物层。竹林对军事行动有较大的障碍性，影响部队机动。

生长繁茂草类和一些灌木的广大平坦地区称为草原，是内陆半干旱到半湿润气候条件下所特有的植被类型。

草原一般辽阔无垠，旱生多年生禾草占绝对优势，但其多年生杂草及半灌木对军事有影响。世界草原面积约2400万平方公里，占陆地总面积的1/6。草原可分为温带草原与热带草原两类。温带草原分布在南北半球的中纬度地带，如欧亚大陆草原、北美大陆草原、南美草原等。温带草原草群较低，其地面部分高度多不超过 1 m，以耐寒的旱生禾草为主。热带草原的特点是在高大禾草的中间常散生一些不高的乔木，故被称为稀树草原。

草原地形平坦，略有起伏。温带草原，夏季牧草繁茂，冬末春初草原枯黄，居民地稀少，水源不足。热带草原终年温暖，雨季草类生长繁茂，旱季草枯转为休眠。草原视界和射界开阔，但在荒草和灌木丛生的地带受到一定影响。草原地区部队机动条件好，各种车辆均可越野行驶。草原缺少方位物，部队在草原行动时，不易判定方位和指示目标。草原便于构筑工事，但不利于隐蔽伪装，不便于就地取材，部队宿营和就地补给条件差。草原缺乏水源，在草原地区活动的部队人员和武器装备用水比较困难。从总体上看草原无险可守，一般有利于进攻而不利于防御。

2.2.2　植被对装备运用的影响

植被主要以不同的群落对装备运用产生影响。所谓植物群落，是指在一定的环境中一定植物种类的有规律组合。

1．不同植物群落对装备运用的影响

(1) 森林。森林是植被要素中对装备运用影响最大的一种群落。其乔木成片聚生和群落结构成层的特点对战斗车辆越野机动形成障碍，且易迷失方向；茂密的树冠，使林区具有良好的隐蔽、伪装和防护条件。因此，在森林地区作战，利守不利攻，特别适宜步兵抗击具有装甲优势之敌的进攻。森林防御战斗通常在森林内距森林前缘不太远的有利地形上就地取材

构筑工事，设置障碍，建立支撑点式防御阵地，实施依托支撑点的近距离运动防御作战，以自身有利的隐蔽条件杀伤森林外暴露进攻之敌。在森林作战也便于实施游击战、伏击战，但开阔地带的小片森林易成为对方的火力目标，一般不宜在那里设置阵地。森林进攻战斗适于用装甲部队夺占森林前缘，即先夺取森林突出部，以摧毁敌人可能构成侧射与交叉火力的阵地，获得与守方相同的森林条件，而后再以机步兵向纵深发展进攻。

(2) 灌木林。密集的灌木林对部队机动构成较大影响：轮式车辆一般不能通行，履带式车辆运动速度降低 1/2；步兵运动困难，在密集有刺灌木林中运动，很快会被划破衣服和装具，并刺伤皮肤，容易迷失方向；观察和射击受到极大限制。灌木林隐蔽条件(除高大军事目标外)较好，防护作用虽与森林作用相近，但易引起火灾。因此，密集灌木林分布地区通常不会成为主要交战地域，多用于隐蔽或潜伏。

(3) 其他。竹林影响部队机动、观察和射击，其影响程度介于森林与灌木林之间；高草地具有一定隐蔽作用，对部队观察、射击也有影响；经济林，多经规划，排列整齐，林下植物稀少，相对利于运动，并具有一定的方位指示作用。这些植物群落除竹林外，通常对战术选择不构成较大影响。

2．植被对装备运用的影响

植被对装备运用影响的因素有群落类型、粗度、密度、高度、树种和植物特性。

(1) 群落类型。不同类型的植物群落具有不同的外貌季相变化和层次结构，因而具有不同的隐蔽、伪装、防护性能和障碍作用。例如，热带雨林群落，终年常绿，季相变化不明显，层次结构复杂，林下藤本植物纵横交错，寄生植物发达，因而全年都有良好的隐蔽、伪装、防护条件，但障碍作用突出，不仅车辆不能通行，徒步行进也很困难，极易迷失方向。由此决定了在此种林区作战，适于使用特种部队、渗透袭击部队和游击队运用穿插和伏击及奇袭手段对敌纵深进行重点打击或偷袭。夏绿阔叶林群落冬季落叶，夏季绿叶茂密，季相明显，层次结构简单，林下灌木、草类稀疏，因而夏季隐蔽、伪装、防护条件良好，冬季较差，越野机动相对有利，可实施林内作战。

(2) 粗度。通常指乔木的粗度。军事上规定由树基向上约与坦克履带前沿同高处的树径为其粗度值。由于该高度相当于人体胸部高，故粗度又称作胸径。

根据实验，树木以厘米为单位的胸径值若不大于以吨为单位的坦克全重的 1/2，则坦克可以撞倒树木而通过。若坦克低速行驶，则可撞倒胸径值"等于"坦克全重的单棵树木。对于森林，因有一定纵深，一般来说树木平均胸径为 20～25 cm 时，即对坦克构成障碍。即使坦克能连续撞倒这些树木，倒树将与其他树木交织在一起，形成障阻作用更大的障碍。

(3) 密度。通常以树木株距描述。株距的大小决定机动和隐蔽的程度。当株距大于 6～8 m 时，坦克和其他战斗车辆一般可直驶通过；若株距在 5 m 以下，战斗车辆转弯困难，甚至形成障碍。

树林和森林的隐蔽程度取决于树冠大小、株距和树种。对隐藏而言，树林的隐蔽程度是以树冠的郁闭度来描述的。所谓郁闭度，是指研究地区内全部树冠在地面上的垂直投影之和与地区总面积之比。它能较准确地表达利用树冠隐藏军事活动的程度。

(4) 高度。树木高度通常与胸径成正比。树木高度愈大，树愈粗，取材价值愈大，对机动的障碍程度也愈大。灌木的高度决定隐蔽程度的大小。

(5) 树种。不同树种具有不同的韧性和抗力。根系深的如橡、榆、枫、松等树木抗冲击波的能力强；根系浅的如云杉、桦树和落叶松等则较差。树种间接反映森林中的土质和群落的分层结构。例如：云杉喜欢潮湿的勃土，生长密度大，树枝长得低，其间常有矮树丛，对部队运动影响很大；松树林，喜干燥，故较稀疏，多数没有矮树丛，通常生长在沙壤上，相对利于部队运动；红桧林，树下藤类植物蔓生，部队行进困难。

(6) 植物特性。植物的固有特性有利于伪装和对核、化武器袭击的防护。有一定密度和厚度的活植物或新鲜植物能明显地吸收雷达波和削弱雷达波的透射能力，能有效调节目标与背景之间的温差，以对付雷达和热红外遥感侦察。因此，军事上常采用铺设草皮、播种植物、设置箱载植物和编扎植栅等方法掩盖与伪装军事目标。树林聚生、表面粗糙、不透明和颜色深暗的特性能削弱核爆炸所产生的光辐射的杀伤破坏作用，密集针叶林可减少 9/10～14/15，疏阔叶林可减少 1/2，但光辐射会引起森林火灾，特别是针叶林最易着火。密集的树冠能滞留散落的放射性沾染物，针叶林树冠可滞留沾染物的 1/2，阔叶林树冠可滞留约 1/4。在距森林前缘 50～100 m 的林内，能使冲击波明显减弱，但当冲击波气流速度超过 10 m/s 时，能使树木倒伏或折断，形成障碍或间接杀伤。森林对化学毒剂也有一定防护作用：若染毒中心在森林之外，则在距森林前缘 100～400 m 的林内，能有效阻止毒气团的扩散；若毒气来自森林上空，树冠对液体或粉剂毒剂能起到一定阻滞作用;但当染毒中心在森林内时,毒气团会长期滞留在原地,缓慢地向四周扩散,增大染毒面积。

2.3　陆地水系环境及影响

地球上除了存在于各种矿物中的化合水、结合水以及被深层岩石所封存的液态水以外,海洋、河流、湖泊、沼泽、地下水、冰川和大气水分等共同构成了地球上的水圈。

2.3.1　河流

河流是指在重力作用下,集中于地表凹槽内的经常性或周期性的天然水道的通称。在我国有江、河、川、溪、涧等不同称呼。

河流主要军事表征参量有:

(1) 河水(长度、宽度、水深、水位、流速、流量、水质、主航道的位置和最小水深等)。

(2) 河岸(河岸性质、河岸高度、两岸地形)。

(3) 河底(底质、河底坡度、滩槽分布)。

(4) 河谷(类型、谷宽、谷形)。

(5) 河流性质(外流、内陆、时令)。

(6) 河流等级(主流、干流、支流)。

(7) 河网特点(形态、密度、结构)。

(8) 通航情况(通航长度、地段、船只类型、季节与吨位,主航道及水深、封冻日期)。

(9) 灾害情况(洪水季节与地段,泛滥季节与地段,污染的性质、程度、范围、污染源)。

河流沿途会汇入很多支流,形成复杂的干支流网络系统,这就是水系。多数河流以海洋为最后归宿,少数一些河流注入内陆湖泊或沼泽,或因渗漏、蒸发而消失于荒漠中,于是分别形成外流河和内陆河。世界著名的亚马孙河、尼罗河、长江、密西西比河等为外流河,我国新疆的塔里木河等为内陆河。每一条河流和每一个水系都从一定的陆地面积上获得补给,这部分陆地面积便是河流和水系的流域。实际上,它就是河流和水系在地面的集水区。

河流是地球表面淡水资源更新较快的蓄水体,是人类赖以生存的重要淡水体。河流与人类历史的发展息息相关。古代文明的发源大都与河流(如尼罗河、黄河等)联系在一起。至今一些大河的冲积平原和三角洲地区(如密西西比河、长江、珠江、多瑙河、莱茵河等)仍然是人类社会经济、文化的中心地区。

河流通过它的流水活动可以影响和改变地理环境及人类活动,影响战场环境。为了认识河流的特征,下面介绍几个有关水情(水位、流速、流量、水温、泥沙和河流水化学等)的基本概念。

(1) 水位是指河流中某一绝对基准面或测站基准面上的水面高程。基准面是量算高程的起点(零点)。绝对基准面是以某一河口的平均海平面为零点的基准面。例如,我国规定统一采用青岛平均海平面为绝对基准面。测站基准面是以观测点的最低枯水位以下0.5~1 m处作为零点的基准面。我国大部分地区降水量集中在夏季,此时河流水位最高;冬季降水稀少,水位下降。

(2) 流速是指河流中水质点在单位时间内移动的距离，单位为 m/s。它决定于河流纵比降方向上水体重力的分力与河岸和河底对水流的摩擦力之比。河流中流速分布不同，在河底与河岸附近流速最小，主流线部分最大，绝对最大流速则出现在水深的 1/10～3/10 处。

(3) 流量是指单位时间内通过某一过水断面的水量，单位为 m^3/s。

(4) 水温是指河水的温度。河流的补给特征是影响河水温度的主要因素。由冰川和积雪补给的河流水温低；从大湖流出的河流春季水温低而秋季水温高；地下水补给丰富的河流冬季水温较高。河水温度有季节变化，一般夏季温度高，冬季温度低。我国北方河流冬季可发生冻结现象，封冻时间长短不等，长的可达 4～5 个月。

(5) 泥沙是指组成河床或随水流运动的固体颗粒。河流含沙量是指每立方米河水中所含泥沙的重量，单位为 kg/m^3。含沙量多少与河流的补给条件、流域内岩石性质、地形的切割程度、土壤性状、植被覆盖、人类活动等因素密切相关。例如，我国黄河中上游植被覆盖很差，黄土高原地区土质疏松，每遇降雨，特别是大雨和暴雨，大量泥沙随径流进入河槽，使河流含沙量大增。例如，黄河陕县站多年平均含沙量高达 $39.6\ kg/m^3$，最大年输沙量高达 $39.1 \times 10^8\ t$。

(6) 河流水化学主要是指河水的化学组成、性质及其在时空上的变化，以及它们同环境之间的相互关系。随着现代工农业生产的发展，河流水化学也发生了很大变化，现在河水污染越来越严重。

(7) 河川径流是指大气降水以地表径流和地下径流的形式汇入河川

以后向流域出口断面汇集和排泄的水流。由于大气降水的形式不同，径流的形成过程也不一样，可分为降水径流和冰雪融水径流，大多数河流属于降水径流。

河川径流有明显的时间变化。随着四季变化，一年中河流的补给状况、水位、流量等也相应发生变化。根据一年内河流水情的变化，可以将河流分为若干个水情特征时期，如汛期、平水期、枯水期或冰冻期。河流处于高水位时期称为汛期。我国绝大多数河流的高水位是夏季集中降雨造成的，故又称夏汛。春季积雪融化形成的河流高水位称为春汛。华北、东北地区的河流都有春汛。夏汛汛期长，径流量大，洪峰起伏剧烈；春汛流量小，历时也短。河流处于低水位的时期称为枯水期。我国河流的枯水期一般出现在冬季。枯水期河水主要靠地下水补给，故流量小且变化不大。如此时河流封冻，又称冰冻期。河流处于中、常水位的时期称为平水期，为汛期到枯水期之间的过渡，流量和水位处于中、常状态。我国河流的平水期多出现在秋季，历时不长。

由于大气降水量有年际变化，河川径流也有年际变化。洪水和枯水是河川径流两个重要的特征值。中国的降水量年际变化有大致从南到北增大的趋势。

河流的水位达到某一高度，使沿岸城市、村庄、建筑物、农田等受到威胁的水位称为洪水位。洪水是指短时间大量降水在河槽内形成的特大径流。洪水的来源主要有两个：一是降雨量；二是水流量。水流量的多少与森林的多寡直接相关。水位高低与流量大小成正比例关系。

枯水是指缺少地表径流，河槽水位下降甚至枯竭(断流)的现象。枯水期间河川径流主要靠地下水补给，出现一年中最小的流量。

(8) 河流的补给就是指河水的来源。大多数河流的水源是大气降水，但由于降水形式或补给的路径不同，一般把河流的补给分为雨水补给、融水补给、地下水补给和湖沼水补给等几种类型。不同地区的河流从各种水源得到的水量是不相同的，即使是同一条河流，不同季节的补给形式也不一样，这种差别主要是由流域的气候条件决定的，同时也与河流下垫面的性质和结构有关。

河流是流域内自然地理要素综合作用的产物，在诸要素中，气候起主导作用。例如：降水的形式、总量、强度、过程及其空间分布对河川径流的形成和变化有着直接的影响，而蒸发的强弱又制约着降水转变为径流量的多少。上述降水和蒸发又与气温、大气湿度和风等因素有关。因此，这些因素实际上对河川径流起着间接的作用。通常，气候湿润地区大气降水多，河网密集，径流充沛；而气候干燥地区降水少，河网稀疏，蒸发强烈，径流贫乏。这说明气候状况严格制约着河流的发育和地理分布。因此，有些学者认为，河流是气候的产物。

此外，其他自然地理因素，诸如地质、地貌、土壤、植被、湖泊、沼泽等下垫面状况也对河川径流产生影响，使大气降水产生再分配。反过来，河流对自然地理环境也有多方面的影响。河流是陆地水的主体和水圈的重要组成部分，也是全球水分循环中一个重要环节，尤其外流河是实现海陆之间水分循环的重要纽带。通过水分循环，全球水量达到平衡状态，使物质和能量得以交换，全球自然环境构成一个完整的统一体系。

河流对人类社会的发展具有重要意义，无论是世界古代文明，还是当今地区经济的发展多与河流有密切关系,因为它不仅提供人类所需要的淡水资源,而且还提供灌溉、航运、发电之利。当然,洪水泛滥也给人类带来生命财产的损失和生态环境的破坏。

2.3.2　湖泊、沼泽和水库

湖泊是陆地上面积较大的有水洼地,是湖盆、湖水和湖中物质相互作用的自然综合体。湖泊是地表水的组成部分之一,它有独特的性质,如水流缓慢、水的交替时间长、与海洋没有直接的水分交换、受陆地环流影响较大等。湖水运动受湖盆形状制约,有独特的生物化学过程等。

湖水的性质包括物理性质(水温、水色和透明度)和化学性质。

湖水吸收太阳辐射而增温。观测表明,湖水表层 1 m 左右就吸收了太阳辐射的 80% 左右,主要吸收又集中在近水面 0.2 m 范围内,只有 1% 的辐射能才能下达到 10 m 深处。此外,水汽凝结潜热、湖中有机物分解释放的热和地表传导的热也为湖水热量的来源。湖水获得的热量又通过蒸发、辐射、湖水结冰等而消耗掉一部分,使湖泊热量趋于平衡。

湖水温度有时空变化。由于淡水在 4℃ 时密度最大,当湖面温度低于 4℃ 时,水温随深度增加而升高,这种状态多在冬季出现;当湖面温度增至 4℃ 时,较冷水因密度小而上升,其结果是上下水温趋于均匀一致,这种状态在春秋季常见;湖面水温升至 4℃ 以上,最热层位于湖面,这种状态发生在夏季。湖水温度的日变化和年变化以表层较明显,往深处则减弱,最高和最低温度出现的时间比同纬度湖岸上要滞后一些,最高与最低温度的差值也比同纬度湖岸上要小一些。

湖泊水有浅蓝、青蓝、黄绿、黄褐等颜色,各湖泊的颜色取决于湖水对太阳光的选择吸收、散射性质、湖水含沙量、颗粒物大小、浮游生物的种类和数量等。一般而言，水中颗粒物和浮游生物少，则湖水显浅蓝或青蓝色。湖水的透明度与太阳光线、水中颗粒物和水中生物等因素有关。太阳高度角大，透明度好，太阳高度角小则透明度差；颗粒物质少，透明度好，颗粒物质多则透明度差。

湖水中常含的化学成分有 HCO_3^-、CO_3^{2-}、SO_4^{2-}、Cl^-、Ca^{2+}、Na^+、K^+、Mg^{2+} 等主要离子，以及一些生物原生质、有机质和溶解气体等。湖水的化学成分与海水不同，其主要离子之间没有恒定的比例关系。不同湖泊比例关系也不同，这与湖泊所处的地理环境差异有关。自然条件不同，降水、地表和地下径流水的化学成分就不同。通常把矿化度小于 1 g/L 的湖水称为淡水湖，淡水湖的化学成分以碳酸盐类为主。咸水湖矿化度较高，可达 1～35 g/L，其湖水的 Na^+、Cl^-、SO_4^{2-} 等离子含量较高。

湖泊的水文特征一般是指湖水的运动、水位变化和水量平衡。

湖水运动形式包括混合、波浪、湖流和增减水等。湖流是指湖水沿一定方向的流动。使湖水流动的原因很多，风的作用使湖水沿湖面方向运动，产生风成流，它是大型湖泊最显著的湖流形式，往往可引起全湖的水体运动。如果风向稳定，风成流可引起向风岸湖水堆积，背风岸湖水流失，堆积的湖水下沉，并在湖底形成反向水流，在背风岸，反向水流上升，补偿表层水的流失，从而导致全湖性的垂直环流。

湖水的水位变化与水量平衡紧密联系。当湖水流入超过流出，水量成正平衡，水位就上升；相反，若湖水流出超过流入，水量成负平衡，水位就会下降。湖水流入流出的季节差异使湖水水位发生相应的季节升降。融雪补给的湖泊,春季出现最高水位;冰川补给的湖泊,夏季出现最高水位;雨水补给的湖泊,雨季出现最高水位。此外,多年的气候变化、湖盆淤塞和湖岸升降都可以反映在湖泊的水位变化上。

地势低洼,土壤被水浸透,水草丛生的泥泞地区称为沼泽。沼泽地面长期处于过湿状态,或滞留着微弱流动的水,生长有喜湿和喜水植物,并有泥炭积累。沼泽是陆地水的组成部分,全球沼泽面积约 1 120 000 平方公里,约占陆地面积的 0.8%,大部分集中在亚、欧、北美三大洲的寒湿地区。我国有沼泽 110 000 平方公里,集中分布在黑龙江的三江低地、新疆的塔里木盆地、四川西北的松潘草地、内蒙古高原和西藏高原等地区的低洼地带。

沼泽形成的有利条件是温湿或冷湿的气候以及平坦或低洼排水不畅的地形。沼泽可以因为江、河、湖、海的边缘或浅水部分淤塞演变而成,也可以因林区或高山草甸、冻土带地下水聚集逐渐形成。因此,沼泽实际上是从水体或陆地演变过来的,即水体沼泽化和陆地沼泽化。

沼泽最明显的水文特征是其水体的流动非常缓慢,几乎处于停滞状态,水每日流动只有 2～3 m,这是由沼泽本身的状态所决定的。径流极小是沼泽水文的另一特征。

沼泽土壤中因大量的植物残骸年复一年的堆积,可生成泥炭。泥炭的吸水量极高,干燥后体积收缩率极大,且在饱和时不易排水,因而不能作为天然地基。

沼泽地势低洼,土壤较肥沃,但渗透性很差,一般有弯曲的河流和零乱的水塘,水塘四周多有漂浮在水面上的草皮,地面潮湿不便构筑工事和宿营。小高地稀疏而平缓，居民地稀少，除村庄或窝棚间有旱路或沼泽小路外，通行较困难，对坦克和炮兵机动是严重障碍，但在干旱冰冻期间，障碍程度可减轻。

水库是由人工改造或修建水工建筑物而形成的、具有一定容积和用途的水量交换缓慢的水体，简言之，是大量蓄积水的人工湖。水库与湖泊有许多相似之处。

水库既是一个自然综合体，又是一个经济综合体。它具有多方面的功能，如调节河川径流、防洪、供水、灌溉、发电、渔业、航运、旅游、改善环境等，具有重要的社会、经济和生态意义。

水库不论大小，大都由拦河坝、输水洞、溢洪道和库区组成，特大型水库还有船闸等。拦河坝是阻水建筑物，用于拦蓄径流、抬高水位；输水洞用于引水发电、灌溉农田，或放空水库水量和排泄部分洪水；溢洪道用于宣泄洪水，起太平门作用；库区是水库蓄水的部分，库区水位随着蓄水和放水运行而发生升降变化。

大型水库与中小型水库相比，存在一些不可避免的问题，如大型水库造价高昂、淹没区大和水库及水库以下河段还可能产生一系列不良的生态学效应。大、中、小水库各有其不同的环境效应和优劣势，应因地制宜修筑。

2.3.3 地下水

埋藏在地表以下、存在于岩石和地表松散堆积物的孔隙与裂隙及溶洞中的水统称为地下水。全球地下水分布面积达 1.3×10^8 平方公里，总水量8 300 000 立方千米，占全球总水量的 0.59%，它是重要的淡水来源，占淡水量的 22%。

地下水主要来源于大气降水。大气降水到达地表面，其中一部分形成地表径流进入河流，一部分直接被蒸发和蒸腾，一部分被植物吸收或截流，其余则通过地表土壤进入松散堆积物、岩石变为地下水。此外，地下水还可能在沉积岩形成的时候就将水保留下来，一直埋藏在沉积岩内，这一部分水又称为原生水。岩浆活动也可以释放一部分水分，并保留在岩层中，这是一种矿质化泉水，称为初生水。另外在沿海地区，海洋水通过岩石向陆地渗透，这也是地下水的一种来源。

地下水也有三态，其中以液态为主。在岩层或土壤中，液态地下水又以吸着(湿)水、薄膜水、毛细水和重力水等形式存在，存在的形式取决于岩石的性质、结构和构造。而不同形式的地下水在地下储存的条件与岩石的水理性质有关。

岩石的水理性质是指岩石与水作用时所具有的特征，包括透水性、容水性、给水性和持水性。透水性指岩石能使水下渗、通过的性能。砂岩、砂砾岩等的孔隙较大，透水性好；而板岩、页岩和辉长岩的透水性能很差，属不透水岩石；硬质勃土则不易透水。岩石的容水性是指岩石所能容纳和保持一定水量的能力。容水性用容水度来表示，容水度是指岩石所能容纳的水的体积与岩石体积之比。容水较强的岩石是薪土，较差的有卵砾石。岩石的给水性是指岩石中保持的水在重力作用下能够自由流出一定数量水的能力，用给水度表示。给水度是指岩石给出的水量与岩石体积之比。岩石的持水性是指在重力作用下,岩石依靠分子力和毛管力能够保持一定液态水的能力。岩石的给水性和持水性显然与岩石的容水性直接相关。在容水性相同的岩石中，如果重力作用超过岩石对水的引力，则给水性强，持水性弱；反之，则给水性弱，持水性强。给水性还与岩面颗粒直径成正比。例如，卵石给水度大，薪土给水度小。在地壳表层中，地下水的存在有差异。根据岩石赋存地下水的相对状况可将岩石层分为含水层和隔水层。在重力作用下能够给出并且通过相当数量水的饱水岩层称为含水层。含水层不仅储存地下水，而且水在其中能够运动。因此，含水层必须有良好的透水性能，同时又必须有一定的地质构造条件和地形条件，使地下水聚集和储存起来。此外，含水层必须有一定的补给水量。

有含水层就必然有隔水层存在。隔水层是指在常压条件下，由于重力作用不能给出并通过相当数量水的岩层。通常由豁土、亚薪土、页岩、泥灰岩等透水性能差的岩石组成的岩层构成隔水层。隔水层对地下水的运动起着阻碍作用。

地下水的理化性质包括温度、颜色、气味、化学成分和矿化度等。地下水的温度受埋藏深度和所处的自然条件影响。浅层地下水受当地的气温和地表温度影响较大。在温带和亚热带平原地区的浅层地下水的年平均温度比气温高 $1\sim2℃$，极地、高纬度和山区的地下水温度很低。深层地下水因受地热影响，温度较高。岩石受地质构造运动和深部液体侵入时，可以产生使岩石和水膨胀的异常高的温度。另外，成矿作用、水化作用、氧化作用和放射性元素等也是地下水的热源。地下水温度差别很大，有沸点(100℃)以下地下水，有沸点以上地下水，甚至有临界温度(374.3℃)以上的地下水。

地下水的硬度是指水中钙、镁离子的总量。单位体积的地下水水中所含钙镁离子的量越高，则水的硬度越大。

地下水存在的形式有多种，它们的运动情况也不相同。地下重力水的运动有流动、渗透和扩散三种方式。流动是指地下水向岩石任一空隙的注入。扩散是一个以物理作用为主的复杂过程。只要地下水的浓度、压力和温度不同，就可以引起扩散。扩散的速度比较缓慢。渗透是地下水在重力作用下运动的重要形式。渗透的方向指向压力和温度较低处，但也可在岩石、气体或流体压力的影响下从低处流向高处。渗透速度比扩散速度大，但远小于地表水流。

地下水按其埋藏的深浅可分为浅层地下水和深层地下水。浅层地下水又称为潜水，深层地下水承压喷出的水称自流水。在浅层地下水之上有时存在局部不透水层，滞留一部分重力水，形成上层滞水。因此，地下水按埋藏条件可分为上层滞水、潜水和承压水三类。

上层滞水是存在于包气带中局部隔水层上的重力水。所谓包气带是指潜水面上部岩石的大部分空隙被空气所充满的部分。上层滞水主要是大气降水或地表水在下渗过程中遇到不透水层的阻隔而聚集形成的。这种地下水分布范围较小，分布区同补给区一致。由于主要靠降水和地表水补给，因而水量有明显的季节变化。由于靠近地表，上层滞水水量还可能消耗与蒸发，另外，受重力作用往下渗透一部分水量，以致在干旱季节水量常消耗殆尽。

潜水是指地面以下饱水带中第一个稳定隔水层之上具有自由表面的重力水。潜水的自由表面称为潜水面。从地面至潜水面的距离称为潜水的埋藏深度。潜水至下伏隔水层顶板之间的距离称为含水层厚度。潜水面以上一般无隔水层存在，大气降水或地表水可以通过包气带直接补给潜水，所以，通常潜水的补给区与潜水的分布区是一致的。

潜水的基本特征是具有自由水面，而且它处于地面以下饱水带中第一个稳定隔水层之上，它能在重力作用下从潜水面高的地方向潜水面低的地方缓慢流动，而不承受静水压力，故一般是无压力流。潜水的埋藏深度各处差异很大。通常山区，特别是黄土丘陵地区一般深达几十米，而平原地区几米之下就可见潜水面，甚至露出地表发育成沼泽。潜水的埋藏深度除受地形影响外，还受气候影响。雨季地下水补给增加，潜水位上升，埋藏深度变浅；干旱季节则相反。潜水因其埋藏浅、分布广而被广泛利用。

承压水是充满于上下两个隔水层之间的重力水。承压水最重要的特性是具有较大的水压力。因此，只要将承压水的上层隔水层打穿，承压水即可自动涌出，因而又称自流水。承压水的形成与地质构造有很大关系，通常在向斜构造、构造盆地和单斜构造中有利于承压水的存在。承压水的大小取决于含水层的分布范围、厚度、补给区和补给水源的大小，以及含水层的透水性等因素。承压水含水层分布范围广、厚度大、补给区面积大、补给水源充足，因此能获得很大的涌水量。承压水的上层隔水层妨碍含水层直接从地表获得补给，故承压水的补给与其分布区不一致。

2.3.4 冰川

地表长期存在并能自行运动的天然冰体称为冰川，它由大气固体降水经多年积累而成。一般把冰川面积超过0.1平方公里的冰川作为统计对象。以雪线为界把冰川分为两部分，上部为粒雪盆(又称积累区)，下部为冰舌区(又称消融区)，它们构成一个完整的冰川系统。

冰川源于降雪，只有在积雪逐渐压实转变为粒雪以后才能变成冰川冰。可见，从新雪落地，积累到变成冰川冰，要经历积雪、粒雪化和成冰三个过程。积雪如不转变为冰川冰，则只能是多年积雪。冰川必须在雪线以上才能形成。雪线是年降雪量等于年消融量的界线。雪线高度随季节、纬度等而变化，夏季温度高，雪线升高，冬季则反之。低纬度地区温度高，雪线也高。南美 20°S~25°S 的安第斯山高达 6400 m，是世界上雪线最高之地。随着纬度升高，雪线高度降低，到极地附近降至海平面附近。雪线还受坡向影响，我国祁连山南坡雪线在 4700~5000 m，北坡仅在 4400~4600 m。

通常将冰川按形态、规模和运动特征分为大陆冰川和山岳冰川两种类型。大陆冰川(也称冰盖)的特点是面积大、冰层巨厚，以及分布不受下伏地形限制；冰川呈盾形，中部高，冰体向四周辐射状挤压流动。地质时期的第四纪、石炭纪和二叠纪等大冰期中，大陆冰川广泛分布。目前只出现在两极地区，如南极大陆、格陵兰、冰岛等地。山岳冰川又称谷冰川，分布于中低纬度地区的高山地区，沿下坡流动而成为一条狭窄的冰河。冰河也可由数条支流冰川汇合而成。山岳冰川的形态受地形制约，其规模和厚度远不及大陆冰川。

冰川对自然环境的影响是多方面的。在地质时期的冰期与间冰期对全球气候、生物和海陆变化产生巨大影响。在现代，冰川对于气候、水分循环、地形和植被都有重要的影响。

规模小的冰川对附近局部地区的气候产生影响，规模巨大的南极冰川和格陵兰冰川对气候的影响范围广泛，甚至全球。南极巨大的冰盖是地球巨大的冷源，形成强大的稳定的高压中心，使南极地面盛行南风或东南风。

同时，稳定的冷高压使气旋难以深入南极大陆，再加上气温很低，空气含水量很少，导致该区域降水稀少，年降水量仅数 10 mm。

冰川在全球水分循环中起一定作用，它一方面可以储存从海面蒸发转移来的水分，另一方面冰川消融又通过河川径流汇入海洋。冰川对气候变化相当敏感，冰期中全球气候变冷时冰川面积扩大，海平面下降，当全球气候变暖时冰川面积缩小，海平面上升。

冰川运动还可能对生物界带来灾难，尤其是冰川大规模的推进，常常使植被遭受灭顶之灾，动物也被迫迁移，土壤发育过程也将中断，自然地带将相应向低纬度和低海拔地区移动。冰川退缩时，植被和土壤逐渐重新发育，自然地带相应向高纬度和高海拔地区移动。

冰川地区作战的困难是气温低、天气严寒，不仅人员需要御寒，而且武器、车辆等装备也因寒冷常难于或无法正常使用。因此，组织特种部队进行适应性训练对于冰川地区作战是非常必要的。冻土是寒带的特殊自然现象，由于严寒，在土层含水多的低平地区，冬季土层冻结而坚硬，春末土层解冻而地表泥泞，致使难于或无法通行。因此，研究冰地层的厚度、季节变化、通行状况与条件等是冻土区作战必须解决的军事地理保障问题。

2.3.5　陆地水系对装备运用的影响

1. 水系的军事意义

陆地水系对陆上装备运用影响最大的水体是江河、湖泊、水库和沼泽。

江河、运河和水渠是线状水体，主要以其障阻性对装备运用构成影响，且以江河的影响最大。横向分布的江河，如位于正面，则构成防御的屏障或进攻的障碍；若位于纵深，影响前后机动与支援。纵向江河，位于翼侧可形成屏障；位于战场中部，将割裂战斗队形，不便于左右机动与协同；若能航运，可构成水上通道。弯曲的河道，利于选择渡河位置，通常以江河弯向己方的河段为渡河点，以便得到己方河岸两前伸部位上的火力支援。

运河、水渠多出现在平坦地区，形成障碍。渠底高于地面时，便于制造水障。高大的岸堤，既是机动的障碍，又可依其构筑工事。运河、水渠一般规则平直，便于选择克服障碍的措施。

湖泊、水库是面状水体，其水域的大小对机动构成不同程度的影响。湖泊汛期，湖面扩大，湖周围易形成沼泽，沿湖边机动困难。湖边生长的喜水植物(如芦苇)，对部队机动、观察、射击不利。若湖面大范围长有高秆植物，则宜于开展水上游击作战和实施隐蔽袭击。大的湖泊，对进攻形成障碍，要么绕过，要么乘舰船实施水上攻击，对防御则构成天然屏障。

水库可控制城市供水，战时一旦溃坝，蓄水将倾泻而下，淹没大片范围形成水障，局部地形会改变形态，影响部队机动与作战。

沼泽是机动的天然障碍。任何车辆和重型装备要通过沼泽地，必须经过艰巨的工程作业。步兵在沼泽行进时，当泥炭层深度小于 0.3～0.5 m、水潭面积不超过沼泽总面积的 20%时，不用使用辅助工具即能以密集队形通过；水潭面积为沼泽总面积的20%～50%时，则只能以分散的队形在沼泽中突出的小草丘上跳行，通行困难；如果水潭面积大于沼泽总面积50%，且水深、泥厚，沼泽中的漂筏甸子不能支持人体重量时，人、畜均不能通行。沼泽通常是防御的屏障，进攻的障碍，但采取一定的克服障碍的措施后，也可能成为攻方出奇制胜的地形。

水是部队生活、行军、作战必需的物质。部队对水源的要求是：水质好，供水充分，位置适中。饮用水，应是透明、洁净的软水，即无色、无臭、无味，水中放射性物质和毒剂的含量不能超过规定的标准。通常井水和泉水符合这种要求，病原体也较少污染。车辆、机械用水要透明，不能含腐蚀金属或引起沉淀的物质。洗消用水应是不含有毒剂、病菌和放射性物质。

水系从总体上讲，对部队机动构成了障碍。横向江河越多，进攻时克服障碍或收拢部队需要组织强渡的次数就越多，防御时则可获得多道天然屏障。江河宽度越大，强渡的难度或防御的稳定性就越大。战场水域面积越大，越野机动的难度就越大，甚至必须要使用特殊装备和采用特殊战法。在水系分布过密地区进行进攻战斗，指挥员必须把研究地形的重点放在克服水障、选择渡口、组编抢渡和潜渡突击部队上；进行防御战斗，指挥员需要思考的重点是利用江河设防和控制渡场，歼敌于近岸水面。缺水地区，则常把作战方向选在有水源的方向上，并以寻找水源、解决储水、供水为重要保障内容。

2. 水系影响装备运用的因素与规律

水系影响装备运用的主要因素为水宽、水深、流速、底质、岸质、水质和水体特性。这里只介绍水宽、水深和流速。

水宽通常指江河、运河和水渠的横向宽度。窄的河流一般水深不大，便于徒涉或组织泅渡，利于架桥和维护；较宽的河流一般水较深，徒涉、架桥和维护都困难；大的江河可能成为划分战役阶段的天然地线。

水深是水面至水底的垂直距离。对于江河、运河和水渠，通常把河床断面上的最大水深作为一定河段的水深值。水深的大小影响徒涉、潜渡和渡河器材的选用。若流速不大，水深 1.5 m 以下的河流可以徒涉；水深 5 m 以下的河流，中型坦克经密封处理可以潜渡。河流的水深变化有一定分布规律：直伸河段，深水区位于河床中部；弯曲河段，深水区靠近凹形陡岸。掌握此规律有利于实地寻找涉水路线，可绕过深水区。

流速是单位时间(s)内水体的流动距离(m)。对于江河，通常以主河道某处的流速作为相应河段的流速，它的大小对徒涉和潜渡都有影响。各兵种、车辆在不同流速条件下允许的最大涉水、潜渡水深如表 2-6 所示。此外，当河流流速小于 1 m/s 时，对渡口类型的选择没有影响，可使用任何渡河器材和水陆技术兵器；当流速为 1～2 m/s 时，对步兵战斗车，水陆运输车，门桥的下水、上岸和水中操作将产生困难；当流速超过 2 m/s 时，不仅不能使用水陆技术兵器和自行渡河器材，而且也不能架设浮桥或构筑低水桥，并给坦克的涉渡与潜渡带来极大困难。

表 2-6　各装备车辆允许的涉水、潜渡深度

人员与装备	徒涉场水深/m		
	流速<1m/s	流速 1～2 m/s	流速＞2 m/s
人员	1.0～1.5	0.8	0.6
载重 1.5～2.5 t 汽车	0.6	0.5	0.4
载重 3.0～3.5 t 汽车	0.8	0.7	0.6
载重 5 t 汽车	0.9	0.8	0.7
履带牵引火炮车	1.0	0.9	0.8
轻型装甲车	1.2	1.2	1.0
中型装甲车	1.2	1.2	1.0
重型装甲车	1.2	1.2	1.0
注：轮式牵引装备涉水深度按照轮式涉水深度计			

2.4 城市环境及影响

城市是具有一定规模的工业、交通运输业、商业聚集的以非农业人口为主的居民聚居地，是聚落的一种特殊形态。城市是经过长期人文改造形成的，不同于平原、山地环境等，是一种特殊的战场环境。现代城市人口集中，街巷纵横，建筑物高大、坚固、密集，地上地下基础设施完善，工业发达，技术力量雄厚，战争资源和潜力丰厚，成为现代战争争夺的焦点，也将成为现代战争作战的主战场。特别是现代城市外围与城区结合，形成了纵深、立体化的特殊的城市化地形，而且重要目标众多，机场、港口、行政中心、电视台、邮局、电厂以及瞰制城市的高大建筑物等具有政治与经济及军事价值的目标都能直接影响城市作战的胜败。随着时代发展，现代城市作战也呈现出了新的特点，如空中打击手段的进步，使没有地面部队参与的非接触性城市进攻成为可能。各种恐怖主义活动的盛行，使城市作战增添了反恐和特种作战要素等。

2.4.1 城市环境基本特征

城市通常是一定地区范围内的政治、经济、文化、军事中心和交通枢纽。城市人口集中，经济发达，建筑物坚固、高大、密集，交通便利，街道纵横，供电、供水、消防、通信、医疗等公用设施完备。这些在现代战争中常是敌对双方攻击或防卫的重要目标，也是进行特种作战、恐怖活动、发生突发事件并影响地区稳定的重要地域。

城市地形是由其各要素错综结合而形成的。所有的城市地形都有相同之处，即都是由建筑物、建筑物组成的街区、道路、地下工程、地下管线等错综结合而成的密集地物覆盖地貌的特殊地形。因受地形各要素的性质、形状、规模及相互结合形式的影响，每个城市地形又有其各自的特点。城市通常由内、外两部分与其地形各要素有机结合的大系统所构成，其基本特征体现在以下三方面。

(1) 人口高度集中。城市与乡村的最大区别之一就是城市人口高度集中。城市是第二、第三产业和智力及技术型人口高度集中地。它从一个侧面反映地区或国家经济、社会发展水平，经济发达地区和国家城市人口总比重较大。人口集中程度直接反映了劳动力的转移程度，可作为衡量国家和地区经济发展的一个重要指标。一般来说，发达国家的城市人口比重在70%以上，有的甚至高达90%以上，而大多数发展中国家在40%以下。

(2) 非农业活动中心。城市是第二、第三产业活动的主要场所，是从事工商业活动人群集中居住的地方。城市不仅是工业生产的集中地，而且还集中了国家和地区大多数企业、商业和运输业。城市中进行的贸易、行政、文化和科技等活动，形成了城市特有的吸引力和扩散力，并影响和辐射周围广大区域，使城市成为一个地区的行政中心和领导中枢。

(3) 城市是一个复杂的有机系统。我国著名科学家钱学森说："所谓城市，就是一个以人为主体，以空间利用和自然环境利用为特点，以聚集经济效益、社会效益为目的，集中人口、经济和文化的空间地域的大系统。"在这个空间有机的大系统中，人口、经济、技术、文化等各子系统内部及各系统之间互相密切联系和相互制约，构成城市总体的功能。同时，城市系统不断与外界进行能量交流，与周围地区和其他城市进行物质、信息和人员交换，以保持自身不断成长壮大。城市这种内部与外部的两种机能活动相应形成了内部系统和外部系统，以及两种系统相互作用组成的空间结构。城市各组成要素相互作用和制约在城市地域范围内的空间表现，即为城市地域结构。城市(点)之间及城市与区域(面)之间的有机结合形成一定区域内的城市体系。

可见，城市是内、外各元素及各个部分互相联系和相互制约有机结合的复杂的大系统。

2.4.2 城市战场环境构成

城市战场环境包括城市市区、城市外围、城市人口和城市各种功能系统等。城市市区主要由市区道路和街区建筑物及市区地下设施组成。

1. 市区道路

市区道路包括主干道、次干道和支路。

(1) 主干道。主干道是联系城市中各功能区的主要交通通道，其交通流量大，与城市外围主要公路连接，构成进出城市的主要通道。

(2) 次干道。次干道是城市各功能区内部的主要道路，与主干道相通。

(3) 支路。支路也称居民级道路，是居住区内部的道路，与主、次干道相通，车流量较小。

由主干道和次干道构成的市区道路网对城市作战至关重要。道路网一般呈格状、放射状、环形状等。

(1) 格状路网。道路密集，分布较均衡，交叉路口多。防御时，受多个方向进攻威胁，常常要分区设防，兵力成集团配置，要重点控制主要的岔路口。进攻时，格状路网街区便于展开兵力、兵器，能实施各个方向多路突破，便于迂回包围。

(2) 放射状路网。既便于防御者从市中心支援各方向作战，也便于进攻者沿主要道路向市中心前进。无论是防御还是进攻，都要以主要的纵向道路为基础，有重点地部署兵力和区分任务。

(3) 环形状路网。是指几条放射形主干路与围绕市中心的一两条或几条环形干道相交形成的路网。其路网结构复杂，迂回道路多，不利于防守。

2．街区建筑物

街区建筑物是指人们根据自身需要而建造的各种地物，是供人们生产和生活使用的物质产品。城市外貌是由大量的各种地上建筑物巧妙布局和有机结合而体现出来的。一般按建筑物(军事上常列为进攻目标)的用途可以把建筑物分为生产性的建筑物和非生产性的建筑物两种。

生产性的建筑物主要是设备类工厂厂房等。这类建筑物往往占地面积较大。各类工厂厂房由于机器设备体积大、数量多，各个部分生产联系密切，要有多种起重和运输工具联结，因此要有较大畅通的空间，以便通行、运输和堆放原料与产品。战时这类建筑物也是敌方重点侦察和打击的目标。

非生产性建筑物指的是供生活用的民用建筑物等，根据其功能又可分为居住建筑物和公共建筑物两类。居住建筑物是供人们生活起居的建筑物，主要有住宅、公寓、宿舍等；公共建筑物是供人们进行政治活动、文化娱乐、行管办公、商业贸易活动的设施以及生活服务设施，如科技大楼、行政办公楼、福利院、养老院、百货大楼、邮电局、医院、卫生所等。战时，对这类建筑物的选择和打击，敌对双方都非常慎重，选择好，可以起到"斩首"作用，选择不好，大面积误伤平民，增加国际舆论压力。

3. 市区地下设施

市区地下设施包括城市地铁、地下建筑物和人防工程等。市区地下设施往往成网格分布，各有走向，纵横交错。有的地下设施与各住宅或其他地上建筑物相通，是城市生产、生活不可缺少的设施，在地面上难见其形状、类型、走向、大小和性质。城市作战具有空中、地面和地下立体多层次交叉等特点，地下设施增大了战斗空间，使攻防装备运用十分复杂。

城市地下设施，尤其是人防工程比较坚固，隐蔽性和掩蔽性能好，战斗和生活设施完善，在城市作战中具有重要意义。城市地下交通设施给进攻战斗带来巨大困难：进攻者必须同时要和地面、地下之敌作斗争；战斗独立性较大，战斗队形较分散，只能发挥轻武器作用；观察、射击、指挥和协同都十分困难，内外联络也不方便。

城市外围是指城市边缘有较大纵深的环形地带，通常依城市地理位置的不同而形成各自外围特点。有的城市外围被山地环绕，地形起伏险峻；有的平坦开阔，无险可守；有的江河环绕，水陆兼备；有的依岛面海，对外交通不便。城市外围地形特点对城市作战有重大影响，城市周围地形有利或不利，直接关系到该城市有利于进攻还是有利于防御。一般情况下，滨海、山地城市有利于防御而不利于进攻；平原和丘陵城市相对来讲有利于进攻而不利于防御。外围与城区唇齿相依，互为作用，构成防御的有机整体，而外围防御则是城市防御作战的重点。

城市人口也是城市战场环境的重要参数之一。人是战争中最积极的因素，也是决定性因素。人口是人类社会存在和发展的前提，是社会生产力构成要素和生产关系的体现,是决定国家或地区政治力、经济力、军事力的基础,是进行战争的主要条件和制约战略的重要因素。与城市人口和行为相关的特点,如人口密度、民族、种族、年龄、在城区及周围的活动等,以及其他一些社会文化特点,如宗教、政治倾向和活动,经济、宗教或部落关系,犯罪组织和活动,阶级区分等,都会对城市战争的谋划和实施产生重大影响。

城市各种功能系统是保证城市生存、生产、生活等各项经济和社会活动正常进行及城市持续发展的重要基础条件,是国民经济和社会发展的基本要素,是建设城市物质文明和精神文明最重要的物质基础。城市各种功能系统包括能源(电、气、热)系统、水资源及给排水系统、邮电系统、环境系统、防灾系统、交通系统、通信系统、广播系统等,这些功能系统把城市组成一个整体,并以一个整体运作,是城市赖以建设的基础。每一种功能系统对城市作战都有影响,装备运用本身也会对各种功能系统产生影响,因此,进行城市作战时,指挥员应对关键功能系统进行分析,确定它们对装备运用的各个阶段及行动结果所起的作用及其重要性,分析该功能系统与其他功能系统的关系,从而决定采取何种行动方案。

2.4.3 城市作战的特点

城市街巷纵横,建筑物高大、坚固、密集,地下工程设施复杂,严重影响着双方的装备运用。城市作战因其地理环境条件特殊,呈现出与其他作战样式不同的特点。具体特点有以下几点:

(1) 战场环境异常复杂。

城市作战中,防守一方可以利用高大的建筑物和四通八达的地下工程设施构筑坚固的堡垒；可在市区内大量设置地雷和各种障碍物；可以居高临下，以点控面，进行观察和狙击；可以利用楼房、街区，组织交叉火力。而对进攻一方来说，常常需要攻坚夺点、短兵巷战，加上地形、敌情不明，易遭敌伏击和狙击射杀。在 20 世纪 80 年代以来的几场城市作战中，进攻方都付出了沉痛的代价。例如：1994 年首次攻入格罗兹尼市中心的俄军 131 旅发现自己被困进了"口袋阵"，经过 3 天艰苦的拉锯战，俄方被摧毁了 20 辆坦克和 102 辆装甲车，更有 800 多名官兵伤亡；美军虽然对俄军进攻格罗兹尼的经验和教训进行了无数的研究与训练，但在伊拉克的城市进攻战斗中仍然受创不小。

(2) 战斗队形易被分割。

城市作战中受地形所限，兵力、兵器主要沿道路及其两侧街巷机动，因此战斗队形易被割裂，不利于大兵团活动，但小分队将发挥极大的作用。俄军在攻打格罗兹尼市时就将市区划分为几个责任区，根据责任区的面积、建筑物、敌情等情况编成若干强击支队，每个强击支队又编成 2～3 个强击群，每个强击群通常由 1 个摩步连或空降连配属 1 个坦克连、喷火分队、工兵分队和障碍排除队等力量组成，担负一条街道的进攻任务。由此可见，为适应城市作战独立战斗、攻坚战斗的要求，需要编成集突击、破障、火力支援于一身的最低一级的诸兵种合成分队，使各分队能够保持战斗队形，灵活机动执行任务。

(3) 通信指挥协同困难。

城市作战中，有线通信机动性不强，无线电通信特别是甚高频和超高频通信，受高大建筑物的影响和声、光、磁的干扰，信号欠佳；旗语、手语等联络方式会受到墙壁和建筑物的遮挡，难以沟通；战斗接触面小，与敌交战的多是班组或单兵，交战双方往往是一路或一墙之隔，兵力分散，不便指挥协同。因此城市作战利于"单打独斗"，而不利于联合行动。美军认为，城市作战是"下士(班长)决定的战斗"，是"真正的勇士的搏斗"。

(4) 装备优势发挥受限。

部队现有的技术装备主要是针对一般地形作战设计的。在一般地形可以最大限度发挥优势的军事技术在城市作战中将大大削弱。城市作战面临的是不规则的、复杂的作战环境。大范围侦察定位系统、空中火力、远距离火力，在有防护、伪装和隐匿的城区，其看得远、打得准的优势很难发挥。例如，1993 年 10 月，进入摩加迪沙市区的美军虽然拥有绝对的技术优势，但面对艾迪德民兵武装的袭击，也只能进行"步枪对步枪"的作战，其高技术装备几乎无用武之地，经过一夜激战，美军丢下了 18 具尸体狼狈撤退。这场战争直接导致了美国政府决定从索马里撤军。

(5) 射击不便，机动困难。

城市作战中，近在咫尺的建筑物遮蔽了视线，致使视界和射界受限，存在大量观察和射击死角，不便于实施侦察与观察，不便于发扬火力；小巷狭窄，不便于坦克等装甲车辆的机动，且在主干道上行驶，易遭反坦克武器的打击，风险比较大；军事目标和非军事目标紧密相连，战时既要摧毁军事目标，还要考虑保护重点非军事目标。因此，城市作战便于使用轻武器，重型兵器的使用则极大受限。

(6) 城市作战限制增多。

城市地区有大量的非军事人员，基础设施也要求尽量受到保护，这就会对军事行动产生巨大的影响，同时也不利于制定交战规则。交战规则的具体内容是根据作战的实际情况确定的，目的是利于部队灵活地完成任务。自 1967 年以来，在大多数城市作战中，为了限制战争对平民和己方部队的附带损害，部队都受到以下几条交战规则的制约：控制己方部队伤亡；把平民伤亡或己方部队附带损害控制到最低限度；限制某些地面或空中武器的使用。

(7) 城市地形改变武器和弹药的使用效果。

由于各种目标很容易用房屋隐藏起来，因此大楼的各个组成部分及其周围的建筑物能够改变武器的使用效果。在自第二次世界大战到黎巴嫩的各次城市作战中，火炮、反坦克武器和防空武器更多的是被用作直瞄武器来摧毁建筑物，而不是按其设计用途来使用的。

(8) 城市作战时后勤保障要求更高。

城市作战需要消耗大量弹药，也需要更多作战人员和卫勤人员，还需要更多的食物和饮用水供应，同时有更多的伤员需要后撤。车辆往往不能后撤修理，衣物和装备损坏率更高。1978 年叙利亚部队围攻贝鲁特时，每日仅需炮弹就达 120 辆卡车。因此城市作战后勤保障要求更高。

2.4.4　城市地理环境对装备运用的影响

城市很可能将是 21 世纪战争的主要战场。通常情况下，城市作战也区分为外围作战与市区作战两部分。城市作战的焦点和重心往往是在城市外围，作战双方均力求在外围大量消耗对方，尤其是进攻一方为了顺利夺控城市，避免在市区不利环境下作战，减小人员伤亡和物资损耗，力求在城市外围歼灭对方主力，并想方设法将市区之敌诱逼出外围再进行歼灭。

市区作战作为城市作战的最后堡垒,是城市作战最关键的阶段和环节,是达成城市作战最终目的的重要战场。城市地理环境对城市作战的影响极其广泛。研究城市作战,首先必须考察城市地理环境及其对装备运用的影响。城市地理环境对城市作战的影响主要表现在以下几个方面。

(1) 巷战、近战行动突出。

现代城市高楼林立,各种建筑物密集、坚固,人防工事等地下设施多,使得城市作战战场可用自然障碍物多。这样的作战环境便于攻势一方隐蔽机动、迂回包围、穿插分割和近战歼敌;对防守一方而言,可实施垂直多层立体配置兵力兵器,构成坚固防御体系,组成多层环形交叉火力,运用巷战、地道战与敌周旋,便于长期坚守。因此,在城市市区作战中,逐街、逐巷、逐楼、逐屋反复争夺的巷战与近战行动显得非常突出,装备运用变得更加残酷而艰巨。

列宁格勒保卫战、斯大林格勒保卫战及莫斯科保卫战中,苏德两军都曾进行过激烈而残酷的城市巷战和近战。例如,历史上著名的"巴甫洛夫大楼"保卫战,就是在前苏军巴甫洛夫中士的指挥下,凭借"1月9号广场"上的一幢楼房固守58天,抗击了德军反复冲击,也正是由于这样许许多多的"巴甫洛夫大楼"才使德军始终未能攻占斯大林格勒,最终取得了保卫战的胜利。第一次车臣战争,车臣分裂武装分子利用格罗兹尼市市区地理环境,以总统府为核心构建阵地,将俄军分割成数十块,迫使其在各个街区进行激烈巷战,逐屋逐楼地争控市区,造成俄军重大伤亡。伊拉克战争,伊军与美英联军也展开过激烈的巷战。

(2) 观察、射击、指挥、协同、通信联络不便。

市区各类高大而密集的建筑物极易遮挡平面视界,影响地面通视;战斗队形易被分割,射击死角多。低层作战,特别是巷战和近战中既要对地面和地下进行观察和射击,又要对楼房空中楼层进行观察和射击,作战力量高度分散,指挥、协同非常困难。市区各种高层建筑的遮挡,使无线通信联络受到较大的屏蔽和干扰,各战斗小组通常只能依靠简易通信进行协同联络,而对多个战斗小组的协同通信联络以及不同战斗小组之间的通信联络十分不便。

(3) 大规模机动困难,兵力兵器不易展开。

市区街巷纵横,大小通道立体交错,道路除主干道外,一般都比较狭窄,战术容量小,兵力、兵器均处于两侧建筑物的夹击与瞰制之下,作战力量特别是装甲机械化力量横向机动和展开困难,只能沿街道做纵向机动和展开,大规模机动受到了较大制约。市区街巷的各个阴暗拐角都可能是对手隐蔽攻击的地方,在敌情顾虑和威胁较大的情况下,大规模机动展开将更加困难。

(4) 市区非正规战斗行动多。

非正规战斗行动是与正规战斗行动相反的交战样式,是多种作战形式的统称,主要包括伏击、袭击、暗杀、偷袭等。市区地理环境为非正规战斗提供了良好的交战场所。既可以利用市区地面和地下各种建筑设施分散用兵,各个出击,隐蔽实施伏击、偷袭和暗杀行动,又可以利用城市信息网络实施信息袭击行动;既可以利用高大建筑物等隐蔽条件实施定点打击、低空突袭和空降行动,配合地面攻势作战,或夺控某些制高点,也可以利用建筑物隐蔽配置防空火力,积极实施低空伏击作战。美军在索马里抓捕艾迪德行动中,突然出动三架武装直升机在摩加迪沙国际饭店楼顶进行空降突袭,艾迪德手下的武装民兵也针对美军直升机突击战术,预先在饭店上层配置了较强的兵力兵器,结果成功地伏击了美军突袭的武装直升机,取得了击伤击落飞机各一架、打死打伤并俘获数十名美军特种作战人员的奇特效果。

伊拉克战争美英联军在城市巷战中,当遇见伊军顽强抵抗时,通常采取停止地面攻击,呼唤武装直升机实施低空隐蔽突袭来配合地面部队突击行动。同时,联军与伊军在纳西里耶等城市的巷战中,双方均采用了小分队快速突袭等非常规行动。

城市外围是市区的重要屏障和掩护,与市区唇齿相依。城市外围的山川、河流、海洋、岛屿、丘陵及村镇与田野等具有不同地形特点,对城市作战同样具有重大的影响。城市外围地理环境对城市作战的影响主要表现在以下几个方面。

(1) 远郊机动便利,易攻难守。从地理环境结构看,一般城市外围远郊通道纵横,地形开阔,坚固建筑物少,不利于屯兵布阵,但便于作战双方大规模的兵力实施交战,属于野战攻防所用地形。在这种地形上组织城市外围作战,掩蔽防护设施少,作战地域大,视野开阔,机动便利,利于攻势一方多点突破、合围夹击和空地立体打击,不利于防守一方坚守阵地。

(2) 近郊机动不便,易守难攻。城市近郊多河流、山地或丘陵地,村庄和卫星城镇环绕,民居集中,道路固定,天然障碍和人工障碍相对较多,且较为坚固。整体地形对大规模机械化部队机动制约大,有利于防守一方利用卫星城镇、居民地、丘陵地和山地为据点,守点控道,卡口制路,通过大面积改造地形，构筑网状阵地，设置各种障碍，形成纵深、立体、环形、多网的防御体系。

(3) 便于通过空降行动来拉制外围。为了不影响市区人员正常工作和生活，各类机场、码头等交通枢纽，以及大中型储备仓库和水电设施等重要目标往往都选建在城市外围。此外，城市外围多有控制市区的山地、丘陵地等制高点。因此，在城市外围作战中，作战双方通常多会采取空降行动，快速夺取或扼守高地、机场和码头，为后续作战创造条件。例如：前苏军入侵阿富汗和前捷克斯洛伐克事件中，都是通过空降夺占两国首都来达成作战目的的；英军在马岛战争中也是通过空降行动夺占马岛首府；阿富汗反恐怖战争和伊拉克战争中，美军也是通过在两国首都或外围机场等有利地形上实施空降行动来控制城市外围重要交通要道。城市作战双方在围绕机场、码头等城市外围重要交通枢纽控制权的争夺中，空降与反空降行动使用更加频繁。

第三章　土　壤　环　境

　　土壤是指覆盖于地球表面基岩以上具有一定厚度的物质,是支撑地面建筑物的基础,还是军事行动的载体,也是工程作业的对象。其特性的不同,对不同的作战装备有不同的影响。

3.1　土壤的构成及分类

　　土壤是工程机械土方作业的主要对象,又是工程机械的支撑体。土壤的性质和状态对工程机械的作业性能有很大影响。

3.1.1　土壤的构成

　　土壤是由岩石经过物理风化和化学风化作用后的产物,是由各种大小不同的土粒按各种比例组成的集合体。土粒之间的孔隙中包含着水和气体。土壤由固、液、气三相物质构成的,它们之间相互联系、相互转化、相互作用,形成一个复杂而分散的多相物质系统。固相主要是矿物质、有机质,也包括一些微生物。按容积计,典型的土壤中矿物质约占 38%,有机质约占 12%,液、气两相容积共占 50%;按重量计,典型的土壤中矿物质可占固相部分 95%以上,有机质约占 5%,且液、气两相经常处于此消彼长的状态,两者之间的消长幅度在 13%～35%之间。

1．固相

土壤的固相物质包括无机矿物颗粒和有机质,是构成土壤的骨架最基本的物质,是土壤主要组成部分,是决定土壤性质的主要因素。土壤的性质取决于固相物质颗粒形状、大小和矿物成分。

土粒的矿物成分主要取决于母岩的成分及其所经受的风化作用。不同的矿物成分对土壤的性质有着不同的影响,其中以细粒组成的矿物成分尤为重要。

土壤中矿物质可以分为原生矿物和次生矿物两大类。原生矿物是岩浆在冷凝过程中形成的矿物,如石英、长石和云母等;次生矿物是由原生矿物经过风化作用形成的新产矿物,如黏土矿物及碳酸盐矿物等。次生矿物按其与水的作用可分为易溶的、难溶的和不溶的。次生矿物的水溶性对土的性质有重要的影响。

漂石、卵石、圆砾等粗大土粒都是岩石的碎屑,它们的矿物成分与母岩相同。砂粒大部分是母岩中的单矿物颗粒,如石英、长石和云母等,为浑圆或棱角状。粉粒的矿物成分是多样的,主要是石英和 $MgCO_3$、$CaCO_3$ 等难溶盐的颗粒,为浑圆或棱角状。粘粒的矿物成分主要有黏土矿物、氧化物、氢氧化物和各种难溶盐类(如碳酸钙等),它们都是次生矿物。黏土矿物是很细小的扁平颗粒,表面具有极强的和水相互作用的能力。其颗粒愈细,表面积愈大,亲水能力就愈强,对土壤的工程性质影响也就愈大。

黏土矿物基本上是由两种原子层(称为晶片)构成的。一种是硅氧晶片,基本单元是 Si-O 四面体;另一种是铝氢氧晶片,它的基本单元是 Al-OH 八面体。由于晶片结合情况不同,便形成了具有不同性质的各种黏土矿物。黏土矿物中主要有蒙脱石、伊利石和高岭石三类,由于它们的亲水性不同,当它们在黏土矿物中含量不同时土壤的工程性质也就不同。

蒙脱石是化学风化的初期产物，其结构单元(晶胞)是两层硅氧晶片之间夹一层铝氢氧晶片所组成。由于晶胞的两个面部是氧原子，其间没有氢键，因此连接很弱，水分子可以进入晶胞之间，从而改变晶胞间的距离，甚至达到完全分散到单晶胞之间为止。因此当土壤中蒙脱石含量较大时，则具有较大的吸水膨胀和脱水收缩的特性。

伊利石的结构单元类似于蒙脱石，所不同的是 Si-O 四面体中的 Si^{4+} 可以被 Fe^{3+}、Al^{3+} 所取代，因而在相邻晶胞间将出现若干一价正离子(K^+)以补偿晶胞中正电荷的不足。所以伊利石的结晶构造没有蒙脱石那样活跃，其亲水性不如蒙脱石，其吸水膨胀性和脱水收缩性也较蒙脱石小。

高岭石的结构单元是由一层硅氧晶片和一层铝氢氧晶片组成的晶胞。高岭石的矿物就是由若干重要的晶胞构成的，这种晶胞一面露出氧原子，另一面露出氢氧基。晶胞之间的联结是氧原子与氢氧基之间的氢键，它具有较强的联结力，晶胞之间的距离不易改变，水分子不能进入，因此它的亲水性、膨胀性、收缩性比伊利石还小。

由于黏土矿物是很细小的扁平颗粒，颗粒表面具有很强的与水相互作用的能力，因此其表面积愈大，这种能力就愈强。黏土矿物表面积的相对大小可以用单位体积(或质量)的颗粒总表面积(称为比表面)来表示。土粒大小不同必然造成比表面数值上的变化，从而导致土壤的性质突变，所以，土粒大小对土壤的性质所起的作用非常大。

除了土壤中的矿物质，有机质也是土颗粒重要组成部分。有机质主要是各种含碳有机化合物。土壤中有机质含量虽然少，但对土壤形成过程以及土壤的物理、化学、生物学等性质影响很大。不同土壤类型有机质含量有很大差异，高者可达每千克土含 200 克以上，低的每千克土含 5 克以下，土壤学中将表层有机质每千克土含200克的土壤叫有机质土,每千克土大于200克的土壤叫矿质土壤。我国耕作土壤有机质含量绝大多数都在每千克土200克以下,属于矿质土壤。

2. 液相

土壤液相是指存在于土壤孔隙中的水。在自然条件下,土壤中总是含水的。土壤中水可以处于液态、固态或气态。土壤中细粒愈多,即土壤的分散度愈大,水对土壤的性质影响也就愈大。研究土壤中的水,必须考虑到水的存在状态及其与土颗粒的相互作用。按照水与土壤相互作用程度的强弱,可将土壤中水分分为结合水和自由水两大类。

结合水是指处于土壤颗粒表面水膜中的水,受电分子吸引吸附在土粒表面。这种电分子的吸引力高达几千到几万个大气压,由于土粒表面一般带有负电荷,电分子围绕土粒形成电场,使土粒电场范围内的水分子和水溶液中的阳离子一起吸附在土粒表面,从而使水分子和土粒表面牢固地黏结在一起。因为水分子是极性分子(氢原子端显正电荷,氧原子端显负电荷),它被土粒表面电荷或水溶液中离子电荷的吸引而定向排列。结合水又可以分为强结合水和弱结合水两种。强结合水紧靠土粒表面,其性质接近于固体,密度约为(1.2~2.4)g/cm³,冰点为−78℃,不能传递静水压力,具有极大的黏滞度、弹性和抗剪强度。黏土只含强结合水时呈固态状态,磨碎后成粉末状态;砂土的强结合水很少,仅含强结合水时呈散粒状。在强结合水外围的结合水膜称为弱结合水,它仍然不能传递静水压力,其性质随离开颗粒表面的距离而变化,由近固态到近自由态变化,不能自由流动,但水膜较厚的弱结合水会向邻近较薄的水膜缓慢移动。因而弱结合水使黏土具有可塑性,冻结温度为−0.5℃~−30℃。

自由水是存在于土粒表面电场影响范围外的水。它的性质与普通水一样，能够传递静水压力，可在土壤的孔隙中流动，使土壤具有流动性，冰点为 0℃，有溶解盐类的能力。自由水按所受作用力不同，可分为重力水和毛细水两种。重力水是存在于地下水位以下的透水土层中的地下水。当存在水头差时，它将产生流动，对土颗粒有浮力作用。重力水对土壤中的应力状态和开挖基槽、基坑以及修筑地下构筑物时所应采取的排水与防水措施有重要的影响。毛细水是受到水与空气交界面处表面张力的作用、存在于地下水位以上透水层中的自由水。

3. 气相

土壤气相是指充填在土壤孔隙中的气体，存在于土壤孔隙中未被水所占据的部位，包括与大气连通和不连通两类。在粗粒的沉积物中常见到与大气相连通的空气，它对土壤的力学性质影响不大，成分与空气相似，当受到外力作用时，会很快从孔隙中挤出。在细粒土中则常存在与大气隔绝的封闭气泡，使土壤在外力作用下的弹性变形增加，透水性减小，当外力减小时会恢复原状。对于淤泥和泥炭等有机土，由于微生物的分解作用，在土壤中蓄积了某种可燃气体，使土层在自重作用下长期得不到压密，从而形成高压缩性土层。

3.1.2　土壤分类

土壤根据不同的用途可采用不同的分类方法。分类的目的在于能够根据分类名称基本判别土壤的工程特性。由于不同的分类目的，分类方法有很多种，而且同一名称在不同的分类方法中不一定代表同一种土壤，同一种土壤在不同的分类方法中可能得到不同的名称，因此对土壤的分类主要取决于分类的目的。

1. 土壤基本分类

一般可将土壤分为岩石、碎石土、砂土、黏性土、粉土和人工填土。

(1) 岩石。岩石是指颗粒间牢固联结而形成整体或具有节理、裂隙的岩体。岩石按照不同的方法有不同的分类。

① 按成因分为岩浆岩、沉积岩和变质岩。

② 根据坚固性即未风化岩石的饱和单轴极限抗压强度分为硬质岩石(抗压强度大于等于 30 MPa)和软质岩石(抗压强度低于 30 MPa)。

③ 根据风化程度分为微风化、中等风化和强风化。

④ 按软化系数分为软化岩石(软化系数小于 0.75)和不软化岩石(软化系数大于等于 0.75)。

(2) 碎石土。粒径大于 2 mm 的颗粒含量超过全重 50% 的土称为碎石土。碎石土根据颗粒级配和颗粒形状可分为漂石、块石、卵石、碎石、圆砾和角砾，如表 3-1 所示。碎石土的密实度分为松散、稍密、中密、密实，如表 3-2 所示。

表 3-1 碎石土分类

土壤的名称	颗粒形状	颗 粒 级 配
漂石	圆形及亚圆形为主	粒径大于 200 mm 的颗粒含量超过全重的 50%
块石	棱角形为主	
卵石	圆形及亚圆形为主	粒径大于 20 mm 的颗粒含量超过全重的 50%
碎石	棱角形为主	
圆砾	圆形及亚圆形为主	粒径大于 2 mm 的颗粒含量超过全重的 50%
角砾	棱角形为主	

注：定土壤名称时应根据颗粒级配由大到小最先符合者确认。

表 3-2　碎石土的密实度

重型圆锥动力触探锤击数 $N_{63.5}$	密实度	重型圆锥动力触探锤击数 $N_{63.5}$	密实度
$N_{63.5} \leqslant 5$	松散	$10 < N_{63.5} \leqslant 20$	中密
$5 < N_{63.5} \leqslant 10$	稍密	$N_{63.5} > 20$	密实

注：本表适用于平均粒径小于等于 50 mm 且最大粒径不超过 100 mm 的卵石、碎石、圆砾、角砾；表内 $N_{63.5}$ 为标准贯入器入土 10 cm 的时候，63.5 kg 落锤锤击数，是经综合修正后的平均值。

(3) 砂土。粒径大于 2 mm 的颗粒含量不超过全重 50%，且粒径大于 0.075 mm 的颗粒含量超过全重 50% 的土称为砂土。砂土根据颗粒级配分为砾砂、粗砂、中砂、细砂和粉砂，如表 3-3 所示。砂土的密实度可分为松散 ($N \leqslant 10$)、稍密 ($10 < N \leqslant 15$)、中密 ($15 < N \leqslant 30$) 和密实 ($N > 30$)。

表 3-3　砂 土 分 类

土壤的名称	颗 粒 级 配
砾砂	粒径大于 2 mm 的颗粒含量占全重 25%～50%
粗砂	粒径大于 0.5 mm 的颗粒含量超过全重 50%
中砂	粒径大于 0.25 mm 的颗粒含量超过全重 50%
细砂	粒径大于 0.075 mm 的颗粒含量超过全重 85%
粉砂	粒径大于 0.075 mm 的颗粒含量超过全重 50%

(4) 黏性土。塑性指数 (I_p) 大于 10 的土称为黏性土。黏性土按塑性指数 (I_L) 分类如表 3-4 所示，按液性指数分类如表 3-5 所示。

表 3-4　黏性土按塑性指数 I_p 分类

黏性土的分类名称	黏土	粉质黏土
塑性指数 I_p	$I_p > 17$	$10 < I_p \leqslant 17$

注：塑性指数由相应 76 g 圆锥体沉入土样中深度为 10 mm 时测定的液限计算而得。

表 3-5　黏性土按液性指数 I_L 分类表

塑性状态	坚硬	硬塑	可塑	软塑	流塑
液性指数 I_L	$I_L \leqslant 0$	$0 < I_L \leqslant 0.25$	$0.25 < I_L \leqslant 0.75$	$0.75 < I_L \leqslant 1$	$I_L \geqslant 1$

(5) 粉土。粉土为介于砂土和黏性土之间，塑性指数 $I_p \leqslant 10$ 且粒径大于 0.075 mm 的颗粒含量不超过全重 50%的土。粉土又分为黏质粉土(粉粒>0.05 mm 含量不到 50%，$I_p < 10$)、砂质粉土(粉粒>0.05 mm 含量占 50%以上，$I_p < 10$)。

(6) 人工填土。人工填土根据其组成和成因分类如表 3-6 所示。

表 3-6　人工填土的分类

土的名称	组成和成因	分 布 范 围
素填土	由碎石土、砂土、粉土、黏性土等一种或数种组成的填土	常见于山区和丘陵地带的建设中，或工矿区及一些古老城市的改建、扩建中
杂填土	含有建筑垃圾、工业废料、生活垃圾等杂物的填土	多见于一些古老城市和工矿区
冲填土	由水力充填泥沙形成的填土	常见于沿海一带及江河两侧

2. 土壤工程分类

土壤对于军用工程机械作业而言，主要是指开挖土壤的难易程度和土壤性质，可以此为目的对土壤进行分类。根据土壤的抗压强度系数和挖掘难易程度，土壤可分为十六级。对于五级以下的土壤，军用工程机械一般均可直接进行挖掘作业。五级以上的土壤大部分是岩石，需经爆破后才能开挖。如表 3-7 所示为部分土壤工程分类。

表 3-7　土壤工程分类

土壤的分类	土壤的级别	土壤的名称	强度系数	在自然状态下的平均密度/(g/cm³)
一类土(松软土)	I	砂土；砂质土；粉土；冲积砂土层；疏松的种植土；泥炭	0.5～0.6	600～1500
二类土(普通土)	II	黄土类轻质黏土；潮湿的疏松黄土、软盐泽和柱状碱土；松软的中等砾石；含草根的密实植物层；泥炭及含有植物根的植物层；砂和混有碎石或卵石与木屑的植物层；混有碎石或卵石的堆积层；带有碎石、卵石及建筑垃圾的砂质土	0.6～0.8	1600～1900
三类土(坚土)	III	肥黏土，其中混有石炭纪、侏罗纪和冰碛黏土；重砂质黏土；大砾石、卵石及碎石；干燥黄土及天然湿度的黄土，其中混有砾石或卵石；植物层或混有直径大于 30 mm 的植物根的泥炭；砂质黏土，其中混有碎石、卵石和建筑垃圾	0.8～1.0	1800～1900
四类土(砂砾坚土)	IV	重黏土，其中混有侏罗纪和石炭纪的硬黏土；黏土和混有碎石、乱石、建筑垃圾以及 10%重达 25 kg 的石块等的重砂质黏土；冰碛黏土，混有蛮石；泥板岩；直径达 90 mm 的大卵石，纯净或混有重达 10 kg 的石块； 密致的硬化黄土及硬化盐泽；胶结的建筑垃圾；未经风化的冶金炉渣；柔软的泥炭岩及蛋白土；角砾	1.0～1.5	1500～1950
五类土(软石土)	V	混有蛮石的冰碛石，重达 50 kg；矽藻岩及软白垩岩；胶结不良的踩岩；各种不坚固的岩石；石膏	1.5～2.0	1800～2600

3.2 土壤参数及特性分析

3.2.1 物理参数

1. 基本物理参数

土壤基本物理参数主要包括含水量、相对密度、质量密度、重度、干密度、孔隙比、孔隙率、饱和度和松散系数(如表 3-8 所示),其中前三项可由室内试验直接测试得到,其他基本物理参数可由前三项计算得到,如表 3-9 所示。

表 3-8　试验直接测定的基本物理参数

参数名称	符号	单位	物理意义	试验方法	试验仪器	取土要求
含水量	w	%	土中水的质量与土粒质量之比($w=m_w/m_s$)	烘干法	烘箱、天平、铝盒	保持天然湿度
相对密度	d_s	—	土粒质量与同体积的4℃时水的质量之比($d_s=m_s/(V_s\rho_w)$)	比重瓶法	比重瓶、砂浴加热器、温度计	扰动土
质量密度	ρ	g/cm³	土的总质量与其体积之比($\rho=m/V$)	环刀法	环刀、天平	Ⅰ～Ⅱ级土试样

松散系数是土方施工计算土方量和运输量的重要依据。工程土方量是通过测量被挖掘场地挖前挖后的地形,按照自然实土体积计算出挖掘量,并以此作为计算工程量、工程进度和施工成本的依据。运输车辆的运输量则要按照松土体积来计算,以此确定挖掘机械的生产运输能力、单位油料消耗量、所需要的运输车辆的规格及数量、费用和安排生产计划等。

表 3-9　由含水率、相对密度、密度计算求得的基本物理参数

指标名称	符号	单位	物 理 意 义	基本公式
重度	γ	kN/m^3	土所受的重力/土的总体系	$\gamma=g\times\rho$
干密度	ρ_d	g/cm^3	土粒质量/土的总体积	$\rho_d=\dfrac{\rho}{1+0.01w}$
孔隙比	e	—	土中孔隙体积/土的总体积	$e=\dfrac{d_s\rho_w(1+0.01w)}{\rho}-1$
孔隙率	n	%	土中孔隙体积/土的总体积	$n=\dfrac{e}{1+e}\times100\%$
饱和度	S_r	%	土中水的体积/土中孔隙体积	$S_r=\dfrac{wd_s}{e}-1$
松散系数	K_s	—	松土体积/实土体积	$K_s=\dfrac{V_s}{V}$

2. 黏土的可塑性参数

黏土的可塑性参数包括液限、塑限、塑性指数和液性指数,其中液限和塑限可由室内试验测试得到(如表 3-10 所示),塑性指数和液性指数可由计算得到(如图 3-11 所示)。

表 3-10　直接测定的可塑性指标

指标名称	符号	单位	物 理 意 义	试验方法	试验仪器
液限	w_L	%	土由可塑状态过渡到流塑状态的界限含水率	圆锥仪法	圆锥贯入仪、含水率测试设备
塑限	w_p	%	土由可塑状态过渡到半固体状态的界限含水率		

表 3-11　计算求得的可塑性指标

指标名称	符号	物　理　意　义	计算公式
塑性指数	I_p	土呈可塑状态时含水量变化的范围,代表土的可塑程度	$I_p=w_L-w_p$
液性指数	I_L	土抵抗外力的量度,其值越大,抵抗外力的能力越小	$I_L=\dfrac{w-w_p}{w_L-w_p}$

3. 颗粒组成和砂土的密度指标

颗粒组成和砂土的密度指标主要包括颗粒组成、最大干密度、最小干密度、不均匀系数、曲率系数及砂土的相对密实度,其中前三项可由室内试验直接测试得到(如表 3-12 所示),后三项可由计算得到(如图 3-13 所示)。

表 3-12　直接测定的颗粒组成及密度指标

指标名称	符号	单位	物　理　意　义	试验方法	试验仪器
颗粒组成	w_L	—	土颗粒按粒径大小分组所占的质量百分数	筛分法	振动筛、筛网、天平
最大干密度	ρ_{dmax}	g/cm^3	土在最紧密状态的干密度	击实法	自动击实仪
最小干密度	ρ_{dmin}	g/cm^3	土在最松散状态的干密度	量筒法	量筒(1000 mL)

表 3-13　计算求得的颗粒组成及密度指标

指标名称	符号	物 理 意 义	计 算 公 式
不均匀系数	C_u	土的不均匀系数愈大，表明土的粒度组成愈分散	$C_u = \dfrac{d_{60}}{d_{10}}$
曲率系数	C_c	表示某种中间粒径的粒组是否缺失的情况	$C_c = \dfrac{d_{30}^2 d_{10}}{d_{60}}$
相对密实度	D_r	土体颗粒质量和与其同体积的纯水在 4℃时的质量之比	$D_r = \rho_{dmax} \times \dfrac{\rho_d - \rho_{dmin}}{\rho_d} \times (\rho_{dmax} - \rho_{dmin})$

4. 透水性指标

土壤的透水性指标用土壤的渗透系数 k 表示,其物理意义为当水力梯度等于 1 时的渗透速度。

土壤的渗透系数可由室内试验测量有关参数,并通过公式 $k = Q/F_1$ 计算得到。测试方法如表 3-14 所示。

表 3-14　渗透系数测试方法

土壤的名称	试 验 方 法	试验仪器
黏性土	55 型渗透仪法	55 型渗透仪
砂土	70 型渗透仪法	70 型渗透仪

5. 自然静止角

松散的土壤从高处倾卸下来形成土堆时,自然形成的土堆坡面与水平投影面的夹角(坡角)称为自然静止角(又称为自然坡角或安息角)。自然静止角的大小取决于土壤的种类和含水量等因素,一般用"度"表示,或者用土堆水平投影长度与垂直高度的比值来表示,测试方法如表 3-15 所示。了解自然静止角可以合理安排土堆距离沟边的位置,或者了解料场的存料堆放情况,以及对作业辅助场地进行合理规划。常见土壤的自然静止角经验值如表 3-16 所示。

表 3-15　土壤自然静止角测试方法

指标名称	符号	单位	物 理 意 义	试验方法	试验仪器
安息角	ψ	度 /(°)	松散的土壤从高处倾卸下来形成土堆时，自然形成的土堆坡面与水平投影面的夹角	塌落法	堆积测试仪 直尺 倾角测试仪

表 3-16　常见土壤的自然静止角经验值

土壤名称	土壤状态		
	干土	潮土	湿土
细沙	25	30	20
普通砂	28	32	25
粗砂	30	35	27
砾石	40	40	35
黏土	45	35	15
粉黏土	40	30	20
种植土	40	35	25

6. 摩擦系数

摩擦系数包括土壤内摩擦系数和土壤对刚表面的摩擦系数,在挖掘土壤的过程中用于计算挖掘机的铲斗上土与土的摩擦力和土与铲斗侧壁及斗底的摩擦力。

3.2.2　力学参数

1. 压缩性

土壤的压缩性是土体在荷重的作用下产生变形的特性。就室内试验而言,是土壤在荷重作用下孔隙体积逐渐变小的特性。土壤压缩性主要包括压缩系数、压缩模量、体积压缩系数、固结系数、次固结系数、主固结比、先期固结压力、超固结比、压缩指数、回弹指数。各指标测试方法及物理意义如表 3-17 所示。

表 3-17 土壤压缩性指标测试方法及物理意义

指标名称	符号	单位	物 理 意 义	试验方法	试验仪器
压缩系数	a	MPa^{-1}	单位压力变化范围内土壤的孔隙比减少量	有侧限固结试验	常规固结仪
压缩模量	E_S	MPa	在无侧向膨胀条件下，压缩土壤时垂直压力增量与垂直应变增量的比值		
体积压缩系数	m_V	MPa^{-1}	土壤压缩时垂直应变增量与垂直压力增量之比，即压缩模量的倒数		
固结系数	C_V	cm^2/s	土壤的固结速度的一个特性指标，固结系数愈大，表明土的固结速度愈快		
先期固结压力	p_c	MPa	该土层在地质历史上所曾经承受过的上覆土层自重压力或其他作用力		
压缩指数	C_c	—	e-$\lg p$ 曲线上直线部分的斜率，压缩指数愈大，表明土壤压缩性愈高		
回弹指数	C_s	—	e-$\lg p$ 曲线回弹圈中虚线的斜率，回弹指数愈大，表明土壤回弹变形量愈大		
次固结系数	C_{ae}	—	黏性土主固结完成后，再次压缩段近似为一直线，该直线段的斜率就为次固结系数		
主固结比	r	—	土体随超静水压力消散而发生的主固结压缩量与总压缩量之比		
回弹再压缩模量	—	MPa	土壤卸荷回弹，再经加荷过程形成土壤的再压缩		

2. 抗剪强度

土壤在外力作用下在剪切面单位面积上所能承受的最大剪应力称为土壤的抗剪强度。土壤的抗剪强度是由颗粒间的内摩擦力以及由胶结物和水膜的分子引力所产生的黏聚力共同组成。土壤抗剪强度指标主要包括土壤的黏聚力和内摩擦角，测试方法如表 3-18 所示。

表 3-18 土壤抗剪强度指标测试方法

指标名称	符号	单位	试验方法	试验仪器	优 点	缺 点
黏聚力	c	kPa	直接剪切试验	应变控制式直剪仪	仪器结构简单，操作方便	剪切面不一定是试样抗剪能力最弱的面；剪切面上应力分布不均匀；不能严格控制排水条件
内摩擦角	φ	度/(°)	三轴剪切试验	应变式三轴仪	严格控制排水条件；剪切面不固定；应力状态明确	操作复杂；所需试样多；应力与实际情况尚不能完全符合

3. 侧压力系数和泊松比

在不允许有侧向变形的情况下，土样受到轴向压力增量 $\Delta\sigma_1$ 将会引起侧向压力的相应增量 $\Delta\sigma_3$，比值 $\Delta\sigma_3/\Delta\sigma_1$ 称为土壤的侧压力系数 K_0。

在不存在侧向应力的情况下，土样在产生轴向压缩应变的同时，会产生侧向膨胀应变，侧向应变和轴向应变的比值称为土壤的泊松比 v。

一般是先测定土壤的侧压力系数，然后再间接计算得土壤的泊松比。土壤的侧压力系数的测定方法如表 3-19 所示。

表 3-19 土壤侧压力系数测试方法

指标名称	符号	单位	试验方法	试验仪器	试 验 描 述
侧压力系数	K_0	—	三轴压缩仪法	应变式三轴仪	在施加轴向压力时，同时增加侧向压力，使试样不产生侧向变形

泊松比的计算公式为

$$v = \frac{K_0}{1 + K_0}$$

4．无侧限抗压强度和灵敏度

土壤在侧面不受限制的条件下，抵抗垂直压力的极限强度称为土壤的无侧限抗压强度。土壤的室内试验灵敏度是指原状土的无侧限抗压强度与其重塑土(密度与含水量应与原状土相同)的无侧限抗压强度之比。灵敏度反映土壤的性质受结构扰动影响的程度，灵敏度越大，结构扰动影响越明显。无侧限抗压强度通过单轴压缩试验测得，如表 3-20 所示。

表 3-20　土壤无侧限抗压强度测试方法

指标名称	符号	单位	试验方法	试验仪器	试 样 要 求
无侧限抗压强度	q_u	kPa	单轴压缩试验	应变式控制式无侧限压缩仪	本试验适用于饱和黏性土。原状土要求采用 I～II 级土样；重塑土要求与原状土具有相同密度和含水量

通过单轴压缩试验得到以下计算指标，即

$$\varepsilon_1 = \frac{\Delta h}{h}$$

$$q_u = 10\frac{(1-\varepsilon_u)P_u}{A_0}$$

式中：ε_1 为轴向应变；Δh 为试验过程中试样高度变化量(cm)；h 为试样初始高度(cm)；q_u 为不扰动土试样的无侧限抗压强度(kPa)；P_u 为试样破坏(或应变达 20% 的塑流破损)时的总荷重(N)；ε_u 为试样破坏时的总应变；A_0 为试验前试样的横截面积(cm^2)。

灵敏度按下式计算，即

$$S_t = \frac{q_u}{q_u'}$$

式中：S_t 为灵敏度；q'_u 为具有与不扰动土相同密度和含水量并彻底破坏其结构的重塑土的无侧限抗压强度(kPa)。

5. 抗陷系数和最大容许比压

轮式或履带式机械在地面上停止或行驶，使地面土壤产生沉陷并压实，地面沉陷 1 cm 所需的比压力 P(kPa)为土壤的沉陷系数 P_0(kPa/cm)。

地面是挖掘机的支撑点，如果地面的极限承载能力被破坏，会使挖掘机发生急剧沉陷，使挖掘机不能正常行驶，甚至有可能发生机体倾翻的危险。为此，不同的土壤通过试验都标示有最大容许比压 P_{max}。轮式挖掘机作业时，对行走装置加装支腿来增加接地面积以减少比压，履带式挖掘机可通过加长加宽履带或者采用三角形履带板增加接地面积以减少比压。常见土壤的抗陷系数 P_0 和最大容许比压 P_{max} 值如表 3-21 所示。

表 3-21　常见土壤的抗陷系数 P_0 和最大容许比压 P_{max}

土壤种类	抗陷系数 P_0/(kPa/cm)	最大容许比压 P_{max}/kPa
沼泽土	5～15	40～100
湿黏土、松砂土	20～30	200～400
大粒砂、普通黏土	30～45	400～600
坚实黏土	50～60	600～700
湿黄土	70～100	800～1000
干黄土	110～130	1100～1500

3.2.3　典型土壤特性分析

1. 红黏土

红黏土主要具有透系数极低、持水性较强的特性。黏粒主要带负电荷，对带正电荷的水分子有引力作用。以针铁矿的矿物形态存在的游离氧化铁包裹于黏粒聚集体之上，具有较强的水化能力，加上结合水的吸附作用，可形成较稳定的结构单元。因此，此结构单元具有较大比表面积和对水的吸附能力。部分红黏土含水量较高，孔隙以小孔和微孔为主，孔隙具有较强的吸附水的能力。

高液限、塑限和塑性指数与红黏土的矿物成分及黏粒含量和孔分布有关。从地表到基岩，表现出液限、塑性指数、自由膨胀率和收缩性逐渐增大并呈现分层的现象，其中上层土膨胀性很弱，下层土具有较高的膨胀性。这些现象与红黏土剖面中伊利石、蛭石、黏粒含量和聚集体内的孔体积含量呈现正相关性，即由于伊利石和蛭石自身的晶格构造和比表面积的不同，相对高岭石对水的吸附能力较强。颗粒组成中黏粒含量越高，比表面积越大，吸附能力越强；聚集体内的孔体积越大，其结合水的吸附能力越强。

中压缩性和较强的剪切强度等特性表现为：从上往下，超固结逐渐变小；黏聚力和内摩擦角均逐渐变小，且表现出明显的分层现象；表现出与正常固结土(即随着深度的增加土自重的影响，越往下固结性越大)相反的趋势，即红黏土"上硬下软"的特点。

2. 黄土

黄土形成的主要原因是区域内气候干燥，降雨较少，蒸发量大。黄土分布地区年平均降雨量在 $250\sim600$ mm 之间，属于干旱、半干旱气候类型。年平均降雨量小于 250 mm 的地区，黄土很少出现，主要为沙漠和戈壁。年平均降雨量大于 750 mm 的地区，也基本上没有黄土。

黄土是一种含大量碳酸盐类，且能以肉眼观察到的大孔隙的黄色粉状土。天然黄土在未受水浸湿时，一般强度较高，压缩性较低。但当其受水浸湿后，因黄土自身大孔隙结构的特征，压缩性剧增使结构受到破坏，从而强度减小，压缩性增强。土层突然显著下沉，同时强度也随之迅速下降，这类黄土统称为湿陷性黄土。黄土具有以下物理、力学性质：

湿陷性黄土在一定条件下具有保持土壤的原始基本单元结构形式不被破坏的能力。这是由于黄土在沉积过程中的物理、化学因素促使颗粒相互接触处产生了固化联结键，这种固化联结键构成土骨架，具有一定的结构强度，使得湿陷性黄土的应力－应变关系和强度特性表现出与其他土类明显不同的特点。湿陷性黄土在其结构强度未被破坏或在软化的压力范围内时，表现出压缩性低、强度高等特性，但结构性一旦遭受破坏，其力学性质将呈现屈服、软化、湿陷等性状。

湿陷性黄土实质上是欠压密土，而由于土壤的结构性所表现出来的超固结称为视超固结。湿陷性黄土由于特殊的地质环境条件，沉积过程一般比较缓慢。在此漫长过程中增长速率始终比颗粒间固化键强度的增长速率要缓慢得多，使得黄土颗粒间保持着比较疏松的高孔隙度组构而未在上覆荷重作用下被固结压密，处在欠压密状态。在低含水量情况下，黄土的结构性可以表现为较高的视先期固结压力，而使得超固结比 O_{CR} 值常大于 1，一般可能达到 2～3。

黄土的压缩性与其物理性质(如孔隙比等)之间没有很明显的对应关系。黄土结构复杂且影响压缩变形的因素较多，压缩系数一般介于 0.1～1.0 MPa^{-1} 之间，压缩模量一般在 2.0～20.0 MPa 之间。在结构强度被破坏之后，压缩模量一般随作用压力的增大而增大。

黄土的抗剪强度除与土的颗粒组成、矿物成分、黏粒和可溶盐含量等有关外，主要取决于黄土的含水量和密实程度。当黄土的含水量低于塑限时，水分变化对强度的影响较大；当含水量超过塑限时，抗剪强度降低幅度相对较小；而超过饱和含水量后，抗剪强度变化不大。当土壤的含水量相同时，土壤的干密度越大，则抗剪强度就越高。

3. 冻土

多年冻土具有以下特性：土中未冻水含量很少；土粒由冰牢固胶结；土的强度高。在荷载作用下，冻土表现出脆性破坏和不可压缩性，与岩石相似。

冻土的融化下沉特性表现为：冻土融化时，孔隙和矿物颗粒周围的冰融化，水分沿孔隙逐渐排出，土中孔隙尺寸减小，在土体自重作用下，土体孔隙率会发生跳跃式变化现象。冻土的融化下沉特性用融化下沉系数 δ_0 来描述。融化冻土具有压缩下沉特性。冻土融化后，在荷载作用下产生的下沉，称为融化压缩下沉，用融化(体积)压缩系数 m_v 来描述。

3.3 土壤特性对典型工程机械的影响

土壤对装备的影响主要体现在工程装备的作业率方面。作业率是指单位时间内完成的作业量，是工程主管部门制定作业计划、下达作业任务的重要参数和主要依据。对作业率的影响因素主要来自工程机械本身性能和土壤特性两大方面。下面以挖掘机的挖掘作业率为例，分析土壤对工程机械的影响。

3.3.1 典型工程机械对作业率影响分析

当作业对象为黏湿物料时，挖掘、装卸及运输机械的作业生产率及经济性明显地受到接触物料部件如挖斗、铲斗、轮斗、箱斗内物料黏附积留问题的影响，例如：挖掘机挖斗作业时，挖斗内黏附的积留物料的量达到额定容量的 20%～25%，则生产率降低 20%～30%。减少土壤黏附有利于提高机械作业质量与工作效率和降低作业功耗与作业阻力，因此，研究开发有效的减黏脱附技术特别重要。

铲、掘、破、碎等土石方机械如何实现土壤减黏脱附，始终是国内外研究者努力解决的技术难题。机械施工作业过程中，土壤固有的黏附性不易改变，只能通过改变机械工作部件才能实现土壤的减黏脱附。随着科技的进步和工业的发展，挖掘机械土壤减黏脱附技术取得了一定的研究成果。挖掘机械土壤减黏脱附技术可分为机械脱附技术、表面改形技术、表面工程技术、仿生技术。

(1) 机械脱附技术。

机械脱附技术是通过在挖掘机械工作部件上附加脱附机构或者装置以达到脱离土壤的效果。按照附加的脱附机构或装置的结构特点，可分为机械清理装置和振动脱附装置。

机械清理装置原理为：在挖掘机械工作部件的表面上增设刮、削、铲等土壤剥离机构或部件，使土壤脱离挖掘机械工作部件，从而达到土壤脱附的目的。相关的研究多针对容易黏土的部件及部位增设刮土板、推土板等清理装置去除工作部件的黏附的土壤。

振动脱附装置原理为：将刚性的挖掘机械工作部件改造成具有一定弹

性的工作部件或者对刚性的挖掘机械工作部件施加一定的驱动力，使其在土壤界面不断受到正反周期性往复运动，达到土壤脱附的效果。在国内外挖掘机械振动脱附装置研究中，多以作业阻力作为衡量标准，采用结构设计(振动机构、弹性元件、工作部件)与试验优化(结构参数、性能参数)相结合的方法进行研究。根据激振源是否需要动力驱动，振动分为驱动振动和自激振动。

(2) 表面改形技术。

表面改形技术通过改变机械工作部件局部或者整体形状，以减少与土壤的实际接触面积和增加工作部件与土壤接触的孔隙，使工作部件表面与土壤界面形成的水膜不连续来减少黏附，降低阻力。

(3) 表面工程技术。

机械工作部件经表面预处理后，通过表面涂覆、表面改性或多种表面技术复合处理，改变工作部件表面形态、化学成分、组织结构以改善和提高其减黏脱附性能。

(4) 仿生技术。

生物在自然界亿万年的进化过程中，进化、优化出许多特殊防黏脱附的功能。通过对有关生物系统的功能、结构、过程或行为特征及其机理进行研究，提取仿生信息，然后基于提取的仿生信息，发展类似于生物防黏脱附功能的技术，应用在机械的工作部件上。

3.3.2 土壤特性对作业率影响分析

1. 土壤切入

入土是切削的首要条件，只有完成入土才能进行后续的切削过程，这一问题对于斗型切削作业尤为重要。入土与切削有所不同：切削过程主要依赖切削刀具推压土体而产生剪切破坏；入土则依靠切削刀具直接贯入并挤压(压实)土体。当土体的压实强度较大，甚至夹有石块、树根等杂物时，入土就非常困难，而且土壤的压实强度比剪切强度大得多，这就决定了入土在切削作业全过程中尤为重要。工程机械的入土能力是衡量切削作业难易和决定作业效率高低的重要指标。

工程机械入土困难的情况如下：

(1) 干硬的黏土、板黄土或布满白色盐碱皮的盐碱土(见图3-1)，因其表面非常坚硬，工程机械在此类土壤上作业十分困难。

图 3-1　板结黄土和盐碱土

(2) 夹有石块、风化不良的页岩、铁矿石、树根等杂质的土不仅难以作业，而且斗齿磨损严重，甚至崩齿。

(3) 对于冻土切削，入土难一直是难以解决的问题。对于冻土(如图 3-2 所示)入土性问题，早在 20 世纪 50 年

图 3-2　常年冻土

代就有人做了大量试验。其中之一就是冻土的冲击贯穿试验：在 30 kg•m 的冲击能(最大冲击力近千公斤)作用下，只能入土 16 mm，且越到深处越困难，12 次冲击累计仅能入土 87 mm。

入土性问题反映了土壤的可切削性的一个重要方面。对于均质土(如冻土、板黄土等)可以用土的硬度、强度来衡量；对于含石土等，应从硬质物的直径及其体积含量予以综合考虑。

2．切削比阻力

切削比阻力除了与土壤的机械组成、含水率、密实度有关外，还与土壤中硬杂质的成分、密度以及土壤的静结构有直接关系。

对于自然结构的均质土(不含有石块及其他硬质夹杂物)，其比阻力是有规律可循的。根据理论研究和试验分析可以知道，对切削比阻力有重大影响的几个主要因素依次是土的负温(零度以下)、含水率、含盐量、黏粒含量。

土壤的剪切强度随土体的负温呈指数上升；土壤的剪切强度随含水率呈双曲线下降。

土体温度可使土壤的切削比阻力发生剧烈的变化，因而对土壤的可切削性也产生重大影响。可以利用土壤冻结温度的变化预测土壤的可切削性变化趋势，也可以利用冻土的热物理特性来改进冻土的切削方法。当盐含量占干土重量的 3%以上时，盐的种类与含量就成为土体物理力学性质的决定因素，往往使切削比阻力成倍增长。

在土壤的组成微粒中，黏粒的含量对切削比阻力起决定性作用，在同等含水率的情况下，土壤的切削比阻力随黏粒含量的增加呈线性上升。

以上就是均质土的切削比阻力的基本变化规律。对于非均质土，一般随硬质成分的含量及直径的增加，切削比阻力有所增加。

挖掘机的挖掘过程是提升机构与推压机构共同完成的。挖掘机在工作过程中既要克服物料作用于斗齿上的挖掘阻力，又要使斗齿尖沿一定的挖掘轨迹运动，从而把土分离出工作面，铲入并装满铲斗。如图所示，当铲斗挖掘物料时，将产生以下阻力(如图 3-3 所示):

(1) 液压缸的内部阻力 F_1。

(2) 各机构的内部阻力 F_2。

(3) 铲斗的外底面与底面之间的摩擦阻力 F_3。

(4) 铲斗的外侧面与地面之间的摩擦阻力 F_4。

(5) 铲斗内土与铲斗底面之间的摩擦阻力 F_5。

(6) 铲斗内土与铲斗侧面之间的摩擦阻力 F_6。

(7) 土的内部摩擦力 F_7。

(8) 土的压入阻力 F_8。

(9) 土的挖掘阻力 F_9。

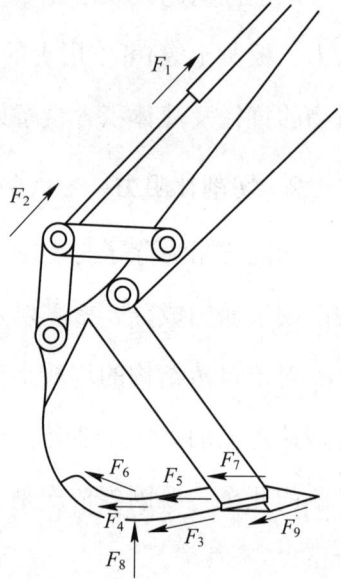

图 3-3　挖掘过程中受到的阻力

由于挖掘过程的复杂性，对挖掘阻力的直接分析非常困难，除了机械本身的问题外，由于土壤的材料属性是非均质各相异性的，所以瞬时阻力变化具有很大的随机性。其中阻力 F_3、F_7 的单独测定非常困难。为了方便起见，用阻力 F_3、F_7、F_9 之和作为切向阻力 F_t，把土的压力阻力 F_8 作为法向阻力 F_n。

3. 黏附性

土壤黏附性(如图 3-4 所示)对切削作业的影响主要表现在以下 3 个方面：

(1) 因黏附而引起的黏着摩擦严重影响土体沿刃面的滑移，使得土体沿着土—土界面流动，不但大大增加了摩擦消耗功，而且改变了切土元件的合理几何形状，大大缩小了斗型作业元件的有效容积，使得作业阻力增加，循环作业量变小，生产率下降。

(2) 严重影响卸斗。卸斗困难是经常见到的现象，尤其在软塑以下重黏土中作业困难更大，严重影响挖掘作业。

图 3-4 挖斗黏附实例

(3) 黏附性严重影响作业速度，增大黏滞消耗。在切削过程中压、剪、拉应力作用下，土壤分别以相应的大应变来衰减应力场作用，以形变来吸收作业能量，迟缓作业速度。黏附力的大小与土壤中黏粒(粒径小于 0.002 mm)含量成正比，也与可溶性的盐含量有极大关系(盐离子 Na^+和 K^+的参与使黏附力大幅度增加)。适当的含水率是黏附力产生的首要条件。黏附的机理尽管很复杂，但总是以适量的水作为中介，使得土壤与金属表面的接触面积增大。胶粒的电化学力产生黏附作用的同时，还有界面间的毛细作用和真空吸附也产生黏附作用。判断黏附性强弱的尺度为外附力。

4. 摩擦磨损性

摩擦是切削过程不可避免的现象，也是切削阻力的一个重要组成部分。据不完全统计与推算，土方工程机械在作业中(如图 3-5 所示)土体所受到的摩擦阻力占总切削阻力的比例可达到 30%～50%，它是影响铲斗脱土、铲斗装土的主要原因。摩擦所引起的磨损是一个不可忽视的问题，在某些场合下它往往成为可切削性的决定因素之一。

图 3-5　碎石土挖掘作业

通常的土体所引起的刀具磨损可以忽略，但随着土体硬度及土体中硬质成分含量的增加，机具磨损量就会迅速增加。如重砂土、含石块的干黏土、泥灰石、爆破不良的铁矿石、冻土等对于高速作业的工程机械无疑是一个巨大的"砂轮"。

例如，对于在冻土上连续作业的斗轮或链斗式挖掘机，若用一般硬质合金作斗齿，挖掘 100～200 m 的沟渠，斗齿就会磨损得不能用了。在某些情况下，比如开挖重砂质冻土，在开挖约 50 m 后，斗齿的全套斗齿就必须更换，若采用在耐磨合金上堆焊切削刃部的斗齿，其寿命也只能达到 60～100 h，挖掘沟长也只有 2000 m 左右。再如国内外生产的铣刨机械，在滚铣沥青石子路面时，用特种合金并经表面特殊处理的冲击头(铣齿)也只能铣 1～2 km，而后便不得不因磨损严重而全套更换。

摩擦磨损性所带来的不利影响有：

(1) 使切削阻力成倍增长。对于那些磨钝很严重的刃(齿)则无法入土，阻力剧增，往往使作业机械无法承受。

(2) 影响作业速度与进程。阻力增大必然导致作业效率降低，更换、修复刀齿必然造成时间上的浪费。

(3) 给维修保障造成很大压力。更换和修复切削刀具的费用很大(占机械总维修费的 40%)，且在某些使用条件下，切削工具修复较为困难。

由此可见，摩擦磨损性确实是衡量土壤的可切削性的一个重要指标，在特定条件下则是决定性指标。

摩擦磨损的程度与土体硬度、强度及硬质成分含量成正比，当然也和切削工具与土壤之间的正压力及相对速度有很大关系，因而从这几方面入手，可预测和改进土壤的可切削性。摩擦磨损性可以用磨耗率或确定条件下作业时间和距离来表示。

第四章　气象水文环境

4.1　气象水文相关知识

4.1.1　气象

常用气象相关知识有：

(1) 天气系统。天气系统通常指引起天气变化和分布的高压、低压和高压脊、低压槽等具有典型特征的大气运动系统。

(2) 西太平洋副热带高压。在南北两半球的副热带地区(纬度20°～30°)，经常存在着一个高压带，就是通常所说的副热带高压。此带中的暖性高压单体称为副热带高压，简称副高。在太平洋上空的半永久性高压环流系统称为西太平洋副热带高压，简称西太副高。

(3) 青藏高压。青藏高压是指盛夏期间中心位置在中国青藏高原上空的高压反气旋。青藏高压的反气旋环流强、尺度大、位置稳定，是夏季副热带对流层上部最主要的环流。

(4) 冷高压与冷空气。冷高压是冷空气在地面气压场上的反映。冷空气强度越强、范围越大，对应的冷高压的强度也就越强、范围也越大。因此，冷高压的强弱反映了冷空气势力的强弱，冷高压的活动反映了冷空气的活动。

(5) 热带辐合带。从大气环流中可知赤道地区低层气压场上为一低压带——赤道低压带，而从流场角度来说，赤道低压带中的气流是南北两半球流向赤道的辐合带，统一把它称为热带辐合带，亦称赤道辐合带。

(6) 槽线。槽线就是连接自低压中心到低压槽内气压最低的点的一条线，通常呈东北—西南向或北—南向，槽线的两侧风向有明显转折。在水平方向，槽前盛行西南暖湿气流，槽后为干燥的西北气流。在垂直方向，槽前有上升运动，如水汽充沛，常产生降水；槽后为下沉气流，天气转晴。

(7) 南支槽和北支槽。由于中纬度西风带在经过青藏高原时被分作两支，因此西风急流也被分为两支。而在北支西风急流上出现的西风槽称为北支西风槽，简称北支槽；低纬度地区活动的低槽，称为南支槽。

(8) 切变线。切变线是指风向或风速的不连续线，实际上也是两种相互对立气流间的交界线。或者说，切变线是风向或风速发生急剧改变的狭长区域。切变线在地面和高空都可出现，但主要出现在 700 hPa 或 850 hPa 高空。切变线附近有很强的辐合，常有降水天气产生，一般降水出现在 700 hPa 切变线以南、850 hPa 切变线以北的区域。

(9) 回南天。冬去春来，乍暖还寒，人们在起床时发现窗外的世界陷入了茫茫雾海，这样的天气两广人称为"回南天"。回南天是天气返潮现象，一般出现在春季的二三月份，主要是因为冷空气走后，暖湿气流迅速反攻，致使气温回升，空气湿度加大，一些冰冷的物体表面遇到暖湿气流后，容易产生水珠。回南天现象在南方比较严重，这与南方靠海，空气湿润有关。"回南天"出现时，空气湿度接近饱和，墙壁甚至地面都会"冒水",到处是湿漉漉的景象,空气似乎都能拧出水来。而浓雾则是"回南天"的最具特色的表象。其产生原理为:受冬季寒冷天气影响,墙壁和地板的表里都冷了,如果这时温暖潮湿的空气流过墙壁和地板,空气中的水分遇冷凝结成水滴,附在墙壁和地板上,便好像是墙壁和地板渗出水来了。

(10) 热带气旋。热带气旋是一大团逆时针方向旋转(指北半球,南半球顺时针旋转)极快的空气团,范围达几百公里至几千公里。它多生成在西太平洋的热带海洋上,因为那里气温高,水汽充沛,当外界风场产生切变时会形成旋转空气团,若遇上合适的条件,这空气团越转越快就形成热带气旋。热带气旋中心附近的平均最大风力6~7级的称热带低压,8~9级的称热带风暴,10~11级的称强热带风暴,12~13级的称台风,14~15级的称强台风,16~17级的称超强台风。热带气旋的水平尺度约几百千米至几千千米,最大可达2000 km,最小不到100 km。垂直尺度可从海面直达平流层低层,属于深厚的天气系统。台风中心气压很低,一般在990~870 hPa之间,中心附近海面风速一般为30~50 m/s。台风引起的巨浪,可能危及海上舰船安全。台风移向海岸时,引起风暴潮,有时会冲毁沿海城镇和军事设施。台风登陆后会给陆地带来暴雨和连续性降雨等强降水活动,可引起山洪暴发、江河泛滥、土壤流失和泥石流等灾害发生,冲毁铁路、公路、桥梁、仓库、机场及其他军事设施。

(11) 温带气旋。发生在温带的强烈的气旋性涡旋,当其中风力达到一定程度时,称为温带气旋。

(12) 急流。急流是对流层上层或平流层风速大于30 m/s的窄而长的强气流带,具有很大的风速水平切变和垂直切变。600 hPa以下出现的强风带称为低空急流。

(13) 东风波。东风波就是产生在副热带高压南侧深厚东风气流里自东向西移动的波动，与其相应的气压场是开口向南的倒槽。波槽线常呈南北向或东北—西南向。波前为东北风，波后为东南风。波长一般为1500～2000 m，有的可达4000～5000 m。

(14) 西南暖湿气流。西南暖湿气流也叫孟加拉湾暖湿气流，产生于印度洋上的水汽通过西南季风向东北运动，就形成了西南暖湿气流。西南暖湿气流经中国西南地区进入中国腹地，与北方南下的大陆冷气团交汇，能产生明显降水，如没有北方南下冷空气交锋或者西南暖湿气流自身势力较弱时，所经之处只能形成多云时阴天气；反之则会在中国南方地区自西向东形成大范围的雨带，并伴有较大强度的降雨过程。

(15) 西南低压。西南低压也称作热低压，是一种无锋面的低气压，它是由于单一热力因素而在对流层下部形成的低压区。在每年的春季(2月至5月)由于冬季风的减弱或中断，当印度至缅甸一带高空处于南支西风脊前西南气流控制下，气流翻山越岭在下沉过程的途中不断增暖，地面气压降低，使中南半岛西北部至我国西南地区一带常常会出现一个干热低压系统，其一旦加强东进，往往会为我国四川南部、云南、广西、广东雷州半岛、海南等地带来剧烈的升温，造成高温天气。

(16) 西南季风(潮)。风向为西南的夏季季风主要盛行于南亚和东南亚一带。印度夏季季风为西南季风的典型代表。亚洲南部的季风主要是由信风带的季节移动而引起的，但也有海陆热力差异的影响。

(17) 大气波导。由于对流层中存在逆温或水汽随高度急剧变小的层次，在该层中电波形成超折射传播，大部分电波辐射被限制在这一层内传播的现象叫做大气波导。

(18) 雷达回波图。由雷达发射，经目标物散射、反射而返回被雷达天线接收的电磁波可以在雷达的接收端通过显示器显示出来，这种可以显示出与目标物特征相应的信号或图像，我们称之为雷达回波图。不同的天气系统或天气现象的回波特征不同，雷达正是根据这一原理进行气象探测的。通过观测雷达回波图上回波的强度、结构、方位、距离、高度和它们随时间的变化，可以分析出大气现象或天气系统的性质、强度、分布、发生、发展及变化情况。

(19) 雷暴。雷暴是由发展旺盛的积雨云引起的伴有闪电、雷鸣现象的局地风暴。雷暴是一种强对流中小尺度天气系统，通常伴有阵雨、大风，有时伴有冰雹、龙卷。在气象台站的地面观测项目中，雷暴仅指伴有闪电和雷声的现象。

(20) 低空风切变。低空风切变是近地面 300 m 高度以下气层内，在水平方向或垂直方向一定距离上存在的风矢量显著差异的现象。风的垂直切变，即垂直方向一定距离上风矢量的显著差异现象。风的水平切变，即水平方向一定距离上风矢量的显著差异现象；垂直气流的切变，即在水平或航迹方向一定距离上垂直升降气流的显著差异现象。

(21) 下击暴流。下击暴流指大气中一种突发性的强下降气流，又称下冲气流。其下降速度大于等于 3.6 m/s，最大可达 20 m/s 以上，是一种产生在雷暴等强对流天气条件下的小尺度现象。根据下击暴流单体扩散直径的大小，可分为 4000 m 以下的微下击暴流和 4000 m 以上的宏下击暴流。微下击暴流的强度更大，对飞行的危害更大，按有无降水和是否接地，又可分为干、湿，或接地、空中等类型。接地型的微下击暴流向地面冲泻时，四周还会产生强大的外流辐散气流，水平风速在几分钟内迅速增大，增值幅度最高可达 50 m/s 左右，外流辐散层的厚度一般不超过 1000 m。微下击暴流单体的生命期一般在几分钟至十几分钟。多个微下击暴流可排列成微下击暴流线，气象人员曾探测到最多时沿线同时出现了 6 个微下击暴流，生命期平均长达近 1 小时。在雷达回波图上，下击暴流常表现为钩状或弓状回波形态。

(22) 雾。大量微小水滴或冰晶悬浮于近地表面空气中的一种天气现象。使水平能见度降至 1 km 以下的称为雾，1 km 至小于 10 km 的称为轻雾。雾常呈白色或乳白色，受烟尘影响时呈土黄色或灰色。中国《地面气象观测规范》规定：使能见度降至 500 m 至小于 1000 m 的称雾，50 m 至小于 500 m 的称浓雾，小于 50 m 的称强浓雾。雾按成因可分为 4 类：

① 辐射雾。在晴朗、微风的夜间，由于下垫面辐射冷却，使空气中的水汽凝结而形成。日出之前最浓，日出后随地面气温升高而逐渐消散或抬升为层云。

② 平流雾。暖湿空气移至较冷的下垫面上空时，其下部水汽因冷却凝结而形成。其范围广，厚度大，有时可高达几百米。

③ 蒸发雾。冷空气移到较暖的水面上，水面蒸发的水汽因冷却达到过饱和而形成。

④ 锋面雾。发生在锋面附近，是与锋面活动相联系的雾。通常是由锋上云层降下的雨滴在冷空气中蒸发，使冷空气达到过饱和而形成的。多

出现在紧靠地面暖锋的前方称锋前雾,或紧靠地面冷锋的后方,称锋后雾。也有出现在锋面过境时的雾,称锋际雾或过境锋面雾,是由冷、暖气团在锋区混合,或因锋面沿坡地上升而使空气突然冷却而形成的。

(23) 海雾。在海洋影响下生成于海上或海岸区域的雾称为海雾。海雾以平流雾居多,辐射雾和地形海雾仅在海岸附近出现,且次数不多。平流雾与海流的关系密切,世界上著名的海雾区多位于寒流流经的海域和寒流、暖流的交汇区。如沿西太平洋北上的黑潮暖流与南下的亲潮寒流交汇,形成千岛群岛的带状雾区;与中国沿岸寒流交汇,形成黄海、东海的多雾区。这种雾分布范围广、浓度大、持续时间长、日变化不明显。此外,海雾还与海上风暴相伴随,形成连续低能见度、降水和大风等恶劣天气。

(24) 局部。天气预报用语中的"局部地区",一般指预报服务范围内小于 10%的区域。比如说广州市区的天气预报预报"局部有雨"就是指下雨的范围为市区内 10%的区域,这样的雨分布不均匀,有的地方下,更多的地方可能不下。因此,如果其他 90%的地方没有降雨,并不代表"局部有雨"的预报是不准确的。此外,天气预报中提到的"部分地区",一般是指预报服务范围内 10%~30%的区域;如果是"大部地区",则指预报服务范围内大于 50%的区域。

4.1.2 海洋

常用海洋相关知识有:

(1) 内波。海洋内波是发生在海水密度层结稳定的海洋中的一种波动。其最大振幅发生在海洋内部,波动频率介于惯性频率和浮性频率之间;其恢复力在频率较高时主要是重力与浮力的合力,在频率较低接近惯性频率时主要是地转科氏惯性力。所以,内波也称为内重力波或内惯性重力波。内波波长为几十米至几十千米,周期为几分钟至几十小时。振幅一般为几米至数百米,最大垂向振幅甚至高达180 m,内波界面两侧往往还伴随着强大的剪切流。正是由于内波的显著振幅和剪切流的存在,使得内波一直被认为是首要的"潜艇杀手"。

(2) 风浪。风浪是指由当地风产生,且一直处在风的作用之下的海面波动状态。风浪的特征为:往往波峰尖削,在海面上的分布很不规律;波峰线短,周期小;当风大时常常出现破碎现象,形成浪花。

(3) 涌浪。涌浪是指海面上由其他海区传来的或者当地风力迅速减小、平息,或者风向改变后海面上遗留下来的波动。涌浪的波面比较平坦,光滑,波峰线长,周期、波长都比较大,在海上的传播比较规则。

(4) 潮汐现象。潮汐现象是指海水在天体(主要是月球和太阳)引潮力作用下所产生的周期性运动,习惯上把海面铅直方向涨落称为潮汐,而海水在水平方向的流动称为潮流。

(5) 海流。海流是指海水大规模相对稳定的流动,是海水重要的普遍运动形式之一。海流形成的原因有两种:一是海面上的风力驱动,形成风生海流;二是海水的温盐变化,形成热盐环流。

(6) 海洋跃层。海洋跃层是指海水的状态参数(温度、盐度、密度或声速等)随深度变化最显著的水层,简称跃层。通常将海水温度、海水盐度、海水密度和声速随深度急剧变化的水层分别称为温度跃层、盐度跃层、密度跃层和声速跃层。跃层的形成与海区的地理位置、环境和气候条件等有关。在洋流经过的海域,有时会在不同的深度出现两个跃层,通常称为"双跃层"。按成因和变化，海洋中的跃层特别是温度跃层，可分为主跃层(主温跃层)、季节性跃层(季节性温跃层)、周日跃层(周日温跃层)。

① 主跃层。又称永久跃层，由大洋热盐环流所维持，是大洋热力结构的重要组成部分。其强度在经向和纬向都有变化。跃层在赤道附近较强、较薄，上界深度也较浅，且有自西向东逐渐变浅的趋势；在中纬度海区强度逐渐变弱，上界深度变深，厚度增大；较高纬度处强度增大，厚度减小，深度变浅；至极锋区，出现于海洋表层。大洋主跃层的变化主要取决于大洋环流和局地年平均的海—气能量交换强度，大洋表面的风系和风生环流对主跃层也有重大影响。

② 季节性跃层。是海面太阳辐射和海—气相互作用直接形成的，多出现在中纬度海区，春末夏初形成并发展，夏季最强，深度一般在 50～100 m 之间，秋季强度较弱，深度下降，冬季消失。

③ 周日跃层。是海洋上混合层中温度周日变化所导致的一种跃层，只要海洋表面在白昼有足够的热量输入，便可在任何纬度的海域中形成。白天形成的跃层，在午后增强并加深，温度阶跃可达 1～4℃，厚度 10～20 m。周日跃层对季节性跃层的形成和加深有重要作用。跃层标准表如表 4-1 所示。

表 4-1 跃层标准表

跃层类别	跃层强度最低标准	
	浅海(水深小于 200 m)	深海(水深大于 200 m)
温度跃层/℃·m^{-1}	0.2	0.05
盐度跃层/m^{-1}	0.1	0.01
密度跃层/kg·m^{-3}	0.1	0.015
声速跃层/s^{-1}	0.5	0.20

(7) 风暴潮。由热带风暴、台风(飓风)、温带气旋、冷锋等天气系统产生的强风或气压骤变引起的海面异常升降现象。风暴潮造成水位升高称为风暴增水；造成近岸巨大海浪称为风暴潮浪；造成水位降低称为风暴减水。风暴潮通常分为温带风暴潮和热带风暴潮。温带风暴潮由温带气旋引起，潮位变化相对稳定和持续，多发生在春秋季节中纬度沿海地区，如北海和波罗的海沿岸、美国东海岸和日本沿岸、我国的渤海和黄海及东海沿岸。热带风暴潮由热带风暴、台风或飓风引起，通常伴有急剧的水位变化和巨大的近岸浪，多发生在夏秋季节的热带、副热带沿海地区，如北太平洋西部、北大西洋西部、墨西哥湾、孟加拉湾、阿拉伯海、南印度洋西部、南太平洋西部沿岸和诸岛屿以及我国东南沿海。冬春季节发生在我国渤海或黄海由寒潮大风，或特别当形成冷锋时引起的严重增水，属于较为特殊的一类风暴潮，其特点为水位变化持续而不急剧。典型的热带气旋引起的风暴潮位变化过程，大致经历 3 个阶段：

① 先期震荡阶段。当风暴还在远离海岸的洋面上时，风暴移动速度小于当地自由长波速度，便有"先兆波"先于风暴到达岸边，引起沿岸的海面缓慢上升或下降。

② 主振阶段。当风暴逼近岸边和刚刚过境时，海面直接受到风暴的影响，沿岸水位急剧升高，这时风暴潮位可达极大值，持续时间约数小时。

③ 余振阶段。当风暴离境后，往往在一段时间内还遗留有由风海流等造成的水位震荡残余。

(8) 海啸。由海底地震、火山爆发、海底塌陷和滑坡等原因所激起的巨浪。海啸的特点有：是一种频率介于潮波和涌浪之间的重力长波，波长约为几十至几百千米；周期为 2～200 min，最常见的是 2～40 min；波速随海区深度的增大而增大，传播速度较快，若取海洋的深度平均为 4 km，相应的海啸波的传播速度为 713 km/h。波高在大洋中较小，约 1 m，常被风浪或涌浪覆盖，当传到海岸时，波长变短，波速降低，波高增大，有时可达 10～30 m，波峰倒卷，对海岸或建筑物及沿海军事设施的破坏力极大。

根据海啸发生地点远近的不同，海啸可分为远洋海啸和近海海啸。

① 远洋海啸。指横越大洋或从远洋传播而来的海啸，又称越洋海啸。海啸生成后，可在大洋中传播数千千米而能量衰减很少，可使数千千米之外的沿海地区遭受海啸的袭击。

② 近海海啸。指从海啸发生源地到受灾的沿海地区相距较近的海啸，又称本地海啸。海啸波到达沿岸的时间很短，有时只需几分钟或几十分钟，往往来不及发现和预警，易造成极为严重的灾害。近海海啸发生前都有较强的地震发生，全球很多伤亡惨重的海啸灾害都属于近海海底地震引起的海啸。破坏性的地震海啸在震源深度小于 20～50 km、里氏震级大于 6.5 级的条件下才能发生。世界上的地震海啸 80%以上发生在太平洋地区，尤以环太平洋地震带的西北太平洋海域最多。

(9) 海洋中尺度涡。叠加在海洋大尺度平均环流上，水平尺度为几十到几百千米的水平涡旋，是海洋中典型的中尺度现象。海洋中尺度涡按起源或存在的特点分为流环和天气式涡旋。

① 流环。在大洋西边界流延续体的两侧形成，与大西洋的湾流和太平洋的黑潮延续体路径弯曲有关。当海流弯曲到很大程度时形成回路，与

主流的主体脱离，形成气旋或反气旋式的涡旋，由于涡旋的流线近似于圆形，故称流环或涡环。流环的直径约 100～300 km，表层旋转流速高达 90～150 cm/s，随深度增大，流速虽有减小，但在深 400～500 m 处仍高达 50 cm/s。流环内水质点的旋转方向不随深度变化，影响深度可达 2～5 km。流环一般以大约 5 千米/天的速度向西南方向移行，持续时间最长可达 2～3 年，最后被母体海流反射或吸收。流环的明显水团特征呈现于海洋上层，反气旋式流环呈暖水性，位于主流的北侧；气旋式流环呈冷水性，位于主流的南侧。流环以单个系统存在，涡与涡之间的平均距离远大于涡自身的特征尺度。

② 天气式涡旋。形成与大洋西边界西向强化流无关的中尺度涡，遍布于世界大洋之中。典型的分布形式是顺时针涡旋和反时针涡旋相间排列运动，类似于大气中移动性高、低气压系统的配置。涡旋表层旋转流速为 5～50 cm/s，影响深度超过 1000 m。其中，在北大西洋冷水区形成的中尺度涡又称流环式中尺度涡，是一种冷性涡旋，尺度比流环约大一倍，强度约为流环的一半，涡轴可出现倾斜。在中大洋海域形成的中尺度涡又称中大洋中尺度涡。中大洋指远离大洋西边界，几乎不受大洋西边界强化流影响的海域。中大洋中尺度涡的特点与流环不同，不具备明显的水团特性，是大洋中等密度面气旋式或反气旋式的起伏波动引起的，正压不稳定产生的涡旋是直立的，斜压不稳定产生的涡旋是斜立的。中大洋中尺度涡在主跃层中有时可向上跃动几百米，存在的周期从几周到几个月，对大洋环流有重要的影响。

(10) 厄尔尼诺。赤道太平洋中、东部和南美洲西海岸海表温度异常增暖的现象经常发生在圣诞节前后，当地人称之为厄尔尼诺，西班牙语为"圣婴"之意。厄尔尼诺是一种大规模的海洋异常现象。它是由海洋和大气相互作用所造成的。正常情况下，信风将海洋表层的大量暖水吹到赤道西太平洋地区，赤道东太平洋主要靠海面以下的冷水补充，海温比西太平洋明显偏低。当信风异常减弱时，使赤道东太平洋表层海水不易辐散，减少了海水上翻，海温升高，浮游生物减少，导致鱼类大量死亡，并使以食鱼为生的海鸟也大量死亡或迁徙。伴随着厄尔尼诺现象的发生，沃克环流(近赤道地区大气中的一种准纬向垂直环流，西侧上升，东侧下沉)减弱，引起从太平洋到印度洋一系列的气候异常，其中对热带太平洋地区的影响最大，使本来在寒流影响下较为干旱的秘鲁中、北部和厄瓜多尔西岸出现频繁暴雨，造成洪涝和泥石流灾害；而在西太平洋，由于海温偏低，台风活动往往偏少。厄尔尼诺也是影响我国气候变化的因素之一。研究表明：厄尔尼诺年的冬季，东亚极锋锋区位置较常年偏北，冷空气活动也随之偏北、偏弱，而南方暖气团势力增强，此时我国大陆多出现暖冬；厄尔尼诺年的夏季，登陆我国的热带气旋个数偏少，东北气温往往偏低，华北汛期降水量偏少；在厄尔尼诺现象发生的次年，我国长江流域往往发生洪涝。

(11) 拉尼娜。赤道太平洋中、东部海表温度异常偏冷的现象，又称反厄尔尼诺。西班牙语 La Nina 的音译为"小女孩"之意。与厄尔尼诺现象相反，拉尼娜的形成与赤道中、东太平洋偏东信风的增强相关联，信风将海洋表层的大量暖水吹到赤道西太平洋地区，赤道东太平洋主要靠海面以下的冷水补充，正常情况下，赤道东太平洋海温比西太平洋明显偏低。当信风异常加强时，使赤道东太平洋海水上翻更加猛烈，导致其海表温度异常偏低。拉尼娜可引起从太平洋到印度洋一系列的气候异常，其中对热带太平洋地区影响最大。在印度尼西亚、菲律宾、澳大利亚东部、巴西东北部等地表现为降水过程较多，而在赤道太平洋东、中部地区和阿根廷等地则容易出现干旱少雨天气，还往往使西太平洋台风和大西洋飓风活动增多。拉尼娜对我国气候的影响：冬季气温往往较常年偏低，夏季偏高；西太平洋和南海地区生成及登陆我国的热带气旋个数比常年偏多。

(12) 波高。从波峰到波谷之间的铅直距离称为波高。将波高依大小的次序排列并加以统计整理以后，波高最大的为最大波高；所有波的平均值称为平均波高；总个数的 1/3 个大波波高的平均值称为有效波高，或 1/3 大波波高。

4.1.3 水文

有关水文的基础知识有：

(1) 水文预报。根据前期或现实水文气象资料，主要运用水文学和水力学等学科的原理和方法对河流等水体的水文要素在未来一定时期内的变化作出定性或定量预测。

(2) 水文要素。构成某一地点在某一时间的水文情势的主要因素。降水、蒸发和径流是水文循环的三要素。水位、流速、流量、水温、含沙量、冰凌和水质等是反映水体态势与性状的水文要素。

(3) 预见期。自发布预报时刻到所预报的水文状况出现时刻的时间间隔称为有效预见期。预见期长短随预报项目、预报条件和技术水平不同而不同。

(4) 水位。是指江、河、水库的水面高程的度量值，它随所选择的基准面而不同(例如：黄海基面、吴淞基面等)。由于水面高程经常在变化，因此，水位数值是反映河水上涨或下降的标志。

(5) 洪水。是指暴雨或迅速的融冰化雪和水库溃坝等引起江河水量迅猛增加及水位急剧上涨的自然现象。

(6) 汛期。是指发生洪水的季节。

(7) 设防水位。是防汛中规定的应当开始进行堤防防守的特征水位。

(8) 警戒水位。是指某一级水位已在一定程度上威胁本地或下游工农业生产、交通运输和居民安全，需要加强防洪警戒的标志水位。

(9) 保证水位。汛期堤防及其附属工程能保证安全运行的设计洪水位。

(10) 降水、降水量。以各种形态降落到地面的水称为降水。降水的深度(雪、雹等指融化成水后的深度)称为降水量。

(11) 下渗。降水透过地面进入土壤的过程。

(12) 蒸发。水或冰雪转化成水汽的物理过程。

(13) 净雨。雨水降落到地面，一部分将渗入地下和蒸发到大气中损失掉，剩下能形成江河径流的那部分降雨称为净雨。

(14) 径流。一般指由降雨(或融雪、融冰)形成的，通过不同路径流入河流、湖泊或海洋的水流。

(15) 径流量。在一定时段内通过河流某一过水断面的水量称为径流量。

(16) 产流。降水后在流域中形成径流的过程。

(17) 汇流。产流水量向流域出口断面汇集的过程。

(18) 洪峰水位。随着降雨强度和量的不同，河流中产生不同水位的洪水过程，而每次洪水过程都有一个最高水位，这个最高水位即为洪峰水位。

(19) 峰现时间。是指最高水位的出现时间，当水位持平时间很长时，可参照水位自记仪的记录，寻找在水位变化过程中某个绝对最高点作为洪峰，当这个最高点仍然有一段持平时间时，则以最先出现这个最高水位的时间作为洪峰出现时间。

(20) 洪峰流量。指一次洪水过程中出现的最大流量。

(21) 实测流量和相应流量。实测流量是在河流断面中使用流速仪或其他方法测量的实际流量。相应流量是根据本站水位—流量关系曲线查算获得的。水文站报汛时，水位是观测值，而流量是拍发相应流量。因为流量测量是在野外条件下进行的，实施一次需要一定时间，它既不会正好在一个正点时刻，也不可能恰好与报汛时段规定和要求的时刻吻合，故报汛时只能使用相应流量而无法使用实测流量。水文站对众多实测流量的数据进行综合分析，消除偶然误差，确定代表本站当前水位—流量转换关系的曲线。以这个曲线为依据，拍发本站与观测水位对应的相应流量。由此可见，相应流量接近于河流测流断面中出现的实际流量，但并非真正的实测流量。

(22) 洪峰的传播。洪水波在河道中传播时受河槽调蓄作用，产生了移后和坦化两种变化，使得涨水面和洪峰部位流量沿程削减，退水面流量沿程加大。当洪峰在传播过程中有支流等水量加入时，洪峰流量在传播过程中也可能沿程不断加大。

(23) 洪水过程线。在图纸上，以时间为横坐标，以江河的流量或水位为纵坐标，可以绘出洪水从起涨至峰顶到落尽的整个过程曲线，称为洪水过程线。由于洪水的整个过程两头低中间高，形似山峰，故最高处称为洪峰。

(24) 洪水总量。一次降雨产生的径流量称为一次洪水总量。

(25) 洪水总历时。一次洪水过程所经历的时间称为洪水总历时。

(26) 单位线。流域上单位径流所形成的出流流量过程线。

(27) 洪水演算。应用蓄泄关系把河段或水库的入流洪水过程转换成出流洪水过程的计算。

(28) 流域水文模型。为流域上发生的产汇流水文过程进行模拟计算所建成的数学模型。

(29) 防洪工程。为控制或抗御洪水以减免洪水灾害损失而修建的工程。主要有河堤、涵闸、河道整治工程、分洪工程和水库等。

(30) 堤。沿河、渠、湖、海岸边或行洪区(蓄洪区)、围垦区的边缘修筑的挡水建筑物。在河流水系较多地区，把沿干流修的堤称为干堤，沿支流修的堤称为支堤，形成围垸的堤称垸堤、圩堤或围堤。

(31) 圩(垸)。在河、湖、洲滩及滨海边滩近水地带修建封闭状堤防所构成特殊区域。圩在长江中下游称圩垸，在珠江中下游称堤围、圈，或称圩垸。

(32) 分洪工程。当河道洪水位将超过保证水位或流量将超过安全泄量时，为保障保护区安全，而采取的分泄超额洪水的措施。分洪工程是牺牲局部，保存全局的措施。

(33) 堤防警戒水位。根据堤防质量、渗流现象以及历年防汛情况，把有可能出现危险的水位定为警戒水位。

(34) 堤防设计水位。堤防工程设计采用的防洪最高水位。堤防设计水位是堤防设计的一项基本依据。在防洪系统的规划设计中，堤防设计水位应根据河流水文、地形、土料、河道冲淤等条件，结合防洪系统中的其他防洪措施，经技术、经济比较后选定。

(35) 堤防保证水位(又称最高水位或危险水位)。系指堤防设计水位或历史上防御过的最高洪水位。接近或达到该水位，防汛进入全面紧急状态，堤防临水时间已长，堤身土体可能达到饱和状态，随时都有出现危险的可能。这时要密切巡查。

(36) 河道行洪能力。河道在保证水位时宣泄的最大流量，也称河道安全泄量。河道行洪能力受多种因素影响，如河道断面形状和大小、两岸堤距和堤顶高程、河道比降、河床糙率、干支流相互顶托状况、河道冲淤变化等。

(37) 正常蓄水位与兴利库容。水库在正常运用情况下，为满足兴利要求在开始供水时应蓄到的水位，称为正常蓄水位，又称正常高水位、兴利水位，或设计蓄水位。它决定水库的规模、效益和调节方式，也在很大程度上决定水工建筑物的尺寸、型式和水库的淹没损失，是水库最重要的一项特征水位。当采用无闸门控制的泄洪建筑物时，它与泄洪堰顶高程相同；当采用有闸门控制的泄洪建筑物时，它是闸门关闭时允许长期维持的最高蓄水位，也是挡水建筑物稳定计算的主要依据。正常蓄水位至死水位之间的水库容积称为兴利库容。

(38) 防洪限制水位、防洪高水位与防洪库容。防洪限制水位是水库在汛期允许兴利蓄水的上限水位，也是水库在汛期防洪运用时的起调水位。水库遇到下游防护对象的设计标准洪水时，在坝前达到的最高水位，称为防洪高水位。防洪高水位至防洪限制水位之间的水库容积称为防洪库容。

(39) 校核洪水位与调洪库容。水库遇到大坝的校核洪水时，在坝前达到的最高水位称为校核洪水位。它是水库在非常运用情况下，允许临时达到的最高洪水位，是确定大坝顶高及进行大坝安全校核的主要依据。校核洪水位至防洪限制水位之间的水库容积称为调洪库容。

4.1.4 空间天气

"空间天气(气象)"一词出现于上世纪 80 年代初，是指发生在太阳表面、行星际直到地球空间中，可以影响天基和地基系统的正常运行，危及人类的活动、健康和生命的天气(气象)条件或状态。

相对于地面天气而言，空间天气发生在距地面 30 km 以外。空间天气涉及的物理参数与日常所说的天气有很大不同。空间天气关心的"风"是太阳风，"雨"是来自太阳的带电粒子雨；空间天气没有阴晴之分，但有太阳和地磁场的"平静"与"扰动"之别，空间天气不太关心"冷暖"，而特别注意太阳的紫外线和 X 射线辐射的变化。

太阳是距离我们最近的一颗恒星，它的光芒惠泽了地球上的万事万物。除了阳光以外，太阳还每时每刻往外喷射着高速带电粒子流，人们形象地称之为"太阳风"。当太阳风十分强劲时，产生名副其实的"太阳风暴"。当太阳风暴袭击地球时，地球上生物幸亏有地球磁场作为天然盾牌，才得以安然无恙。然而，地球磁场本身在为我们承受"打击"时，产生激烈扰动——磁暴。磁暴会在人类的供电网中诱发强大冲击电流，进而造成输电网络崩溃。

当前，人类科技发展和社会生活越来越依赖以航天技术为代表的高技术，恰恰是这些高技术受空间天气变化的直接影响。在航天领域，卫星故障 40%来自空间天气；在国民经济领域，空间天气变化导致磁场强烈变化，从而引起的感应电流会破坏电力系统的变压器造成停电和腐蚀输油管造成泄漏；在自然灾害领域，地球上的洪、涝、干旱、平均气温变化、臭氧含量的减少等自然灾害，以及影响人类健康的心脑血管疾病、皮肤癌和社会突发事件与空间天气的关系，也正成为科学家关注的热点。

4.2　天气气象环境及影响

4.2.1　云及影响

云是指悬浮在空中的由大量微小水滴、冰晶组成的可见聚合体，是大气中水汽凝结或凝华的产物。云有 3 个基本特征量，即云量、云状和云高。云量是云遮蔽天空视野的成数。云状是云的外形特征。云高是云底边界离地表面的高度。

按云的高度和外形，可分为高云、中云、低云等 3 个云族，以及卷云、卷积云、卷层云、高积云、层积云、层云、雨层云、积云、积雨云等 10 个云属。

雷电、雨雪、冰雹等的发生都直接与云有关。云的运动可反映空中气流的方向和速度。云的变化反映大气状态和天气的演变。伴随各种天气系统出现的、由各种相应的云组成的体系称为云系。较为典型的有锋面云系和台风云系等。地形因素对云的形成有重要作用，当气流受山地阻碍而被迫抬升时，如果具备充足的水汽，在山地上空可形成位置较为固定的地形云。

云对军事活动有重要影响。低云影响侦察、射击、投弹；积雨云对导弹、火箭发射和飞机飞行安全威胁很大，常可导致电击；云层对载入大气层的导弹弹头可以造成天气侵蚀，会增强或减弱核爆光辐射效应；飞机在云中飞行时，能见度恶劣，可发生飞机积冰，有时出现飞机颠簸，飞行员操纵困难，突发性的低碎云和强浓积云、积雨云对飞行安全的危害更大，曾造成多起机毁人亡事故。

飞机积冰是云对装备的典型影响。飞机积冰是飞机飞行过程中机体表面某些部位因过冷水滴冻结或水汽凝华而聚积冰层的现象，多出现在飞机机翼、尾翼、螺旋桨、风挡、空速管、天线等突出部位。一般分为明冰、毛冰、淞冰和霜 4 种，其中，明冰和毛冰冻结比较牢固，危害较大。飞机积冰通常发生在含有过冷水滴的云或湿雪区中，气温一般在 0～-20℃，强烈积冰多出现-2～12℃、温度露点差＜4℃的条件下。飞机积冰强度以单位时间内的积冰厚度来表示，在实际飞行中常根据飞行状态的变化将其分为轻微、中度和强烈积冰 3 个等级。影响飞机积冰强度的因素主要有云中过冷水滴含量、云滴大小、云的相态、环境温度，以及飞行速度、机翼的曲率半径等。飞机积冰使飞机的空气动力性能改变，飞行阻力增大，影响飞机的稳定性和操纵性，并使导航仪表和无线电通信设备失灵，甚至导致飞行事故。为了避免或减轻飞机积冰，飞机上通常装有较完善的防冰、除冰装置。预计或已经出现飞机积冰时，飞行员可根据当时的气象条件，适当改变飞机飞行高度也可有效地防止飞机积冰。

4.2.2　风及影响

风是指空气相对于地球表面的运动，通常指空气的水平运动，用风向和风速表示。气象所谓的风向是指风的来向，航空所谓的风向是指风的去向。风向用角度或方位表示，风速的单位是米/秒或千米/小时。现在国际通用的风速表是英国人 F·蒲福于 1805 年拟定的"蒲福风力等级"(将风力分为 13 个等级，1939 年后扩展为 18 个等级)。

在太阳辐射和地球的共同作用下，地球上形成极地东风带、中纬西风带、低纬东北(东南)信风带和赤道无风带等盛行风带。另外，还有随季节显著变化的季风风系，以及受海陆分布或地形等影响形成的海陆风、山谷风、焚风和布拉风等地方性风。风具有阵性，风速在短暂时间内突然增减起伏的风称为阵风或突风。空气运动除有相对地表面的水平风量外，还有垂直分量(称为垂直气流或垂直风)。垂直分量通常比水平风量少 1～2 个数量级，但对天气变化却有重要作用，云、雨的形成都与它有关。在特殊情况下，例如在出现雷暴等强对流天气时，常存在与水平分量同量级的强烈垂直分流。

水平风和垂直气流对军事活动有着广泛的影响，如飞机要依据风向来确定起飞、着陆方向，以及火炮射击要进行风偏修正，舰船航行要避开强风暴，导弹等兵器的设计、发射要考虑风载荷等。大风和强烈的垂直气流是危及飞机飞行、导弹发射安全，以及影响火炮射击精度等的重要因素。

风对装备的影响典型的是低空风切变对装备的影响。强烈的低空风切变会危及飞机起降安全，对导弹、航天器发射和飞行亦有影响。低空风切变主要出现在雷暴、锋、超低空急流、逆温等天气条件和复杂条件下，具有尺度小、时间短、突发性强等特点。

4.2.3　能见度及影响

能见度是指凭人的正常视力能将具有一定大小的目标物从背景中辨认出来的最大距离。一般以米或千米为单位。

能见度通常分为地面能见度、海面能见度和空中能见度 3 类。地面能见度是指地面上沿水平方向的能见度。当视野各方向的能见度有明显差异时，通常用有效能见度或最小能见度表示。有效能见度是指四周一半以上视野内所能达到的最大能见度值。最小能见度是指四周视野中能见度的最小值。航空部门为了保证飞行安全，用跑道能见距离表示能见度。跑道能见距离又称跑道视程，是视力正常的飞行员着陆接地时能够辨清跑道或灯光等跑道标志物的最远距离。海面能见度是指海面上沿水平方向的能见度。舰船在开阔海面上主要依据水平线的清晰程度来判定方向。舰船在海岸附近时，首先借助从海图量出或雷达测出距离的独立目标物，估计"向岸方向"能见度，然后依据水平线的清晰程度估计"向海方向"能见度。空中能见度是从空中观察目标物的能见度。按观察方向的不同，空中能见度分为空中水平能见度、空中垂直能见度和空中倾斜能见度。

能见度与军事活动关系密切。能见度的好坏，对观察、射击、光信号通信和航空兵活动等有直接影响，是制定飞行气象条件、决定机场开放或关闭所需考虑的重要气象因素之一。在现代战争条件下，能见度也是影响步兵、炮兵、步兵坦克、陆空和海空协同作战的重要气象条件之一。在军事活动中人为地改变能见度，可以达到迷惑对方、隐藏自己的目的，例如施放烟幕进行伪装等。

与能见度密切相关的气象是雾。雾造成的恶劣能见度是危险天气之一，会给飞机起降，舰艇航行，军种、兵种联合作战等带来困难；过冷却雾滴或水汽在电线、船桅、树枝等物体表面冻结或凝华形成雾凇，对有线通信影响很大；雾层对核爆光辐射的杀伤破坏效应有极强的削弱作用，如在能见度为 2 km 的雾天中，光辐射在 5～20 km 的距离上会被削弱大约100%，使光辐射的杀伤破坏作用几乎全部消失；雾对激光的衰减是严重的，在雾中很难实现远程激光通信，也会直接影响激光雷达的最大探测距离；雾会影响微光、红外夜视系统和某些精确制导武器的作战效能；雾还会使化学毒剂蒸汽产生凝结、沉降和水解，降低其杀伤效能等；雾也可作为"天然烟幕"掩护部队进行装备运用。在现代战争中，掌握战区雾的生消规律并作出准确的预报以及通过人工影响天气实施局部造雾、消雾对作战具有重要意义。

4.2.4　气压及影响

气压是单位面积上承受空气分子运动所产生的压力。在静力平衡的大气中，某高度(含地表面)上的气压等于该高度单位面积上所承受的垂直空气柱的重量。气象上采用的气压计量单位是百帕，1 hPa 为 100 N/m。气压的变化是引起天气变化的基本因素之一。在气象保障中经常用到的气压参量有：本站气压，即气象台气压表所在高度上的气压值；场面气压，即机场跑道面上 3 m(或标定)高度上的气压值；海平面气压，即本站气压订正到海平面高度上的气压值。

在军事活动上主要按场面气压值调节飞机上气压高度，以确定飞机着陆的时机。若场面气压值不准确，飞机着陆易发生事故。此外，气压与气温决定空气密度，而后者作为炮兵射击诸元之一，影响射击精度。

气压对装备的影响典型的如前所述的下击暴流对飞机的影响。下击暴流对飞机起降危害极大，当飞机穿越下击暴流区时，首先遇到外流辐散气流，强大的逆风使飞机的空速增加，升力加大，飞机开始偏离预定航迹；接着遭遇强劲的下降气流，使飞机的迎角减小，升力锐减，飞机迅速掉高；穿越下击暴流中心区后，气流又变为强烈顺风，飞机的空速迅速减小，升力随之减小，飞机继续掉高，甚至偏离预定航线俯冲，极易失去升力而坠毁。

飞机颠簸是指飞机在飞行中出现的忽上忽下、左右摇晃和机身抖振的现象，是飞机受扰动气流影响，使作用在飞机上的空气动力和力矩失去平衡，导致飞行高度、速度和飞机姿态发生突然变化而引起的。当扰动气流的水平尺度与机身长度大致相当时，飞机容易发生颠簸。飞机颠簸多发生在急流、锋区、晴空湍流、对流云区、低空风切变和地形波等条件下。飞机颠簸强度与扰动气流强度、飞行速度、机翼载荷等因素有关，通常分为弱、中、强、极强4级。中度以上飞机颠簸会使飞机仪表指示失常，操纵困难，影响空中编队、射击、投弹、加油和航空摄影等，特别严重时会破坏飞机结构，造成飞行事故。

4.2.5　降水及影响

降水即从云、雾中降落并到达地表面的液态或固态水的天气现象。为了与露、霜等地面水汽凝结物相区别，又称大气降水。

液态降水有雨和毛毛雨，固态降水有雪、霰、冰雹、冰粒、米雪和冰针等。全球年平均降水量分布很不均匀，赤道地带和东南亚季风区降水最多，中纬度次之，副热带沙漠带、大陆腹地和两极地区很少。我国季风气候明显，降水一般从东南沿海向西北内陆减少，全年雨量集中在5~9月，称为汛期。

降水对军事设施和军事活动有较大影响。暴雨、大雨和连续性降雨等强降水活动可引起山洪暴发、江河泛滥、土壤流失和泥石流等灾害发生，冲毁铁路、公路、桥梁、仓库、机场及其他军事设施。冰雹能砸坏飞机、雷达、车辆、房屋并危及人畜安全。毛毛雨、雨、雪会降低能见度，给航空、航海、陆路运输以及部队机动等带来困难。冻雨可使飞机、导弹外壳和雷达天线等积冰(结冰)而影响性能甚至遭到破坏，积冰可使架空电线折断而中断通信。空中降水可使电磁波衰减而缩短雷达探测距离，并可形成气象干扰回波，影响搜索目标。降水对核爆后的光辐射和放射性沉降、地面沾染等也有不同程度的影响。

4.2.6 强对流天气及影响

强对流天气指由强烈对流运动而产生的灾害性、危险性天气，主要包括雷暴、龙卷风、冰雹等。

1. 雷暴及影响

雷暴是由发展旺盛的积雨云引起的伴有闪电、雷鸣现象的局地风暴，是一种强对流中小尺度天气系统，通常伴有阵雨、大风，有时伴有冰雹、龙卷。在气象台站的地面观测项目中，雷暴仅指伴有闪电和雷声的现象。

积雨云中的雷电主要是由云滴、雨滴、雪花、冰晶等在大气电场及上升气流和重力分离作用下，发生碰撞、摩擦、破碎、冻结，使正负电荷分离形成的。当云内、云层间、云地间、云和空气间电位差增大到一定程度时，便会发生猛烈放电，形成闪电。闪电通道上的空气强烈增热，水滴迅速汽化，体积骤然膨胀，发生强烈爆炸声，即为雷。

雷暴严重危及飞机飞行和导弹、火箭、卫星发射与飞行安全，可毁坏军事设施，干扰无线电通信和电子设备，影响通信联络，危及人员生命安全。雷暴及与其相伴的大风、暴雨、冰雹、龙卷等是对军事活动影响极大的危险天气。

2．龙卷风及影响

龙卷即从积雨云云底下垂的漏斗状云及与其相伴的猛烈旋风，又称龙卷风。漏斗云伸到陆地表面的称陆龙卷，伸到水面的称水龙卷。海上水龙卷有的与海面连接，有的不连接。龙卷是破坏力极强的小尺度天气系统。靠近地面部分的龙卷的直径从几米至几百米不等，持续时间从几分钟至几十分钟，移动距离从几百米到几千米，个别可达数十千米。它造成的灾害区通常呈狭长形。龙卷中心气压极低，一般比周围同一高度的气压低几十百帕。据计算，强龙卷中心的气压可低达 400 hPa，极端情况可达 200 hPa，中心与外围气压差极大，可产生 100～200 m/s 的强风。强大的风压和巨大的气压差能严重毁坏建筑物和军事设备。龙卷风的上升气流速度最大可达几十米每秒及几百米每秒，具有极强的吸卷作用，可把砂尘或海水等卷入空中，形成高大的尘柱或水柱。龙卷常出现在强冷锋、飑线、热带气旋等有强对流发生的天气系统中。目前，对龙卷还不能做出准确的预报，通常通过雷达监视发布短时警报。

3．冰雹及影响

冰雹是直径在 5 mm 以上的坚硬的球状、锥状或形状不规则的固态降水。它是以霰、冰粒或冻滴为核心，在云内作复杂的升降运动，经反复融化和冻结而成，由许多同心的透明层和不透明层相间组成。冰雹常降自对流特别旺盛、含水量丰富的积雨云中，最大直径可达 10 cm 以上。冰雹能砸坏飞机、雷达、车辆、房屋等军事设施设备，并危及人畜安全，中断航空、航海、陆路运输以及部队机动。

4.3　海洋水文环境及影响

4.3.1　海流及影响

海流对海洋中的物理、化学、生物和地质过程，以及海洋上空的气候变迁和天气的形成及变化都有着极大的影响与制约作用。寒流流经的区域使之气候干燥少雨；暖流流经的区域使之气候温和湿润、多雨。在寒、暖流交汇的海区是海洋生物鱼类生存的最佳地方，形成世界各大渔场，但在寒暖流交界面上是海雾最多的地区，对航行不利。某一海区若海流突然改变，可给海洋生物造成危害，带来气候灾害，如厄尔尼诺现象。海流不仅对航运、渔业、航道开挖、码头回淤、排污、海洋开发利用等国民经济发展有重大影响，而且对军事活动也有着极大的影响。

1．对装备运用的影响

早在 1790 年的俄土战争中的刻赤海战中，俄国舰队运用机动战术，曾顺海流向敌方放出满载燃料和炸药并熊熊燃烧着的船舶去攻击土耳其舰队。在第一次世界大战中，协约国海军为保护地中海海上交通线免遭驻在科托尔和波拉的德、奥两国潜艇的袭击，在亚得里亚海与伊奥尼亚海之间的奥特朗托海峡采用不同深度随海流漂流的水雷建立防潜拦阻线来抗击敌舰；在英法联军与土耳其军为争夺达达尼尔海峡的战斗中，战争双方都使用漂雷来攻击敌舰。在第二次世界大战中，德国在波罗的海也曾部分地采用了"奥特朗托海峡防潜拦阻线"的经验。在海上设有危险障碍物的情况下，了解海区海流状况显得尤为重要，对此估计不足，会对舰艇部队带来严重损失。

海流对潜艇活动的影响尤为显著。当潜艇在水下航行时，不能测量本身的艇位，其艇位要依据海流来推算。如果不了解潜航海区海流的方向和流速，推算的艇位就会发生很大的偏差，从而使潜艇不能按时到达指定的阵位，甚至会造成事故或贻误战机。在执行任务时，掌握了任务海区的海流运动规律，就可利用顺流航行来节省燃料，增大潜艇续航力，还可关闭主机并与其他措施相配合隐蔽地通过敌反潜封锁区，取得出奇制胜的战果。海流对潜艇航行和作战的影响决不能忽视。在第二次世界大战中，德国潜艇曾利用直布罗陀海峡流的分布规律，由大西洋进入地中海时，在浅海中关闭发动机航行，利用海流把潜艇推往地中海；由地中海进入大西洋时，则采用深潜航行，顺深层流悄悄地通过直布罗陀海峡，返回大西洋，避开了同盟军水下测听系统的搜索，既省了燃料，又完成了战斗使命。

2. 对舰船航行的影响

海流影响舰船的航向和航速，尤其是潜艇在水下航行时影响最大。善于利用海流的流向、流速，顺流航行，可增大航速，缩短舰船的航行时间和航程，节省燃料，准确及时地到达上级指定的地区；逆流航行则会减慢航速，增加燃料消耗，甚至会使舰艇不能按时到达指定海区集结点，贻误战机。例如一只巡洋舰编队自日本津轻海峡顺流而下，进入太平洋只要 3 小时，而返航时，由于逆流而行，则需花费 7 小时。由此可见，若忽视或错误地估计海流对水面舰艇的影响，就会造成计划和指挥上的失利。在第二次世界大战中，1944 年 1 月 3 日，日本"伊-117 号"潜艇奉命从拉包尔出发到新几内亚的肖阿撤出守岛日军，预定日落后半小时到达与日军登陆艇会合的地点，由于潜艇在航行中遇到了强劲的海流，航速降低，结果到了预定时间，潜艇离会合点还有 5 海里，仅仅由于这一耽搁，正好碰上了美国军舰的巡航，致使转运撤兵工作不能按计划完成，推迟了 5 天，直到 1 月 8 日"伊-117 号"潜艇才与日军登陆艇会合，完成了任务。

3．对舰艇登陆、锚泊和靠离码头等活动的影响

当舰船登陆时，向岸流有利于舰艇进港登陆，离岸流有利于舰艇出港。因此水面舰艇，特别是登陆舰艇在抢滩时，要尽量顺应海潮流的方向，而且要与海岸方向垂直。如果抢滩时登陆舰艇与潮流方向垂直，而与海岸平行，舰艇退滩时，由于海潮流横冲舰船，会给退滩造成困难。在海上抛锚的登陆舰艇，用炮火掩护登陆部队时，在与海岸平行的海流作用下，舰首和舰尾的前后炮都可以对敌岸射击，充分发挥舰上火炮的威力；在与海岸垂直的海流作用下，舰位不断转动，只有朝向岸边的炮火能对敌射击，有碍舰艇对登陆部队的火力支援。

当水面舰艇在锚泊时，应避开强流区，选土质松软，没有暗礁的地方，不然，就会造成脱锚，使舰船移位，甚至互相碰撞。在强流区内，潜艇亦

不宜坐底，容易移位或碰击艇体。

当修建码头和舰艇靠离码头时，港口码头的走向，要根据流向而定，在海潮流强的地方，尤为重要。因为，在舰艇停靠码头时，若流向与舰艇的方向有一定交角，由于流压的作用，停靠码头就会十分困难，甚至会发生舰船碰撞码头的事故。流向与所建的码头成交角时，在码头前沿会发生泥沙回迁，水深变浅，影响码头的使用。因此，港口码头前沿线应与海潮流的主流向基本一致，舰船靠码头时一般采用顶流靠泊。

4．对原子、化学、细菌武器的影响

海流和潮流对原子、化学和细菌武器的防护具有重要意义。海流和潮流可使放射性沾染区及化学、细菌染毒区顺流漂移，并使沾染密度减小。因此，当遭到敌方原子或化学、细菌武器袭击时，舰艇应迅速绕过爆心或施毒区，驶向海流的上方。在选择洗消地点时，也要考虑该海区的海流、潮流的流向，以防止冲洗下来的放射性物质或毒剂、细菌漂流到其他舰艇活动和停泊的海区。

5．对水中武器使用的影响

海流对海上布雷、扫雷、水中发射鱼雷和导弹都有一定的影响。尤其是潜艇水下发射导弹，也要考虑海流的作用，对发射区测定海流的准确性要求要高，以便精确地计算导弹的方向和射程。如果对发射区海流情况掌握不准确，便可能"差之毫厘，失之千里"。

海流对水雷的影响极大。漂雷随流漂移，要达到攻击的目的，必须事先了解作战海区海流的流向流速，做到有的放矢。

海流对锚雷也有重要影响。锚雷有时在强流的冲击下，会拉断雷索，

随流而去，变成"漂雷"。由于海流的作用，雷索在水中不是直的，而是弯曲的，通常顺着流向呈倾斜弯曲状态。同时海流对雷体具有一定的压力，使水雷下沉。雷索倾斜弯曲与垂直偏降量将改变水雷的原来定深，从而使水雷难以达到预期的目的，会使敌舰船往来碰不到水雷而失去作用。水雷定深的垂直偏降量与流速和雷索长度有关，流速愈大，雷索愈长，水雷的垂直偏降量越大。在第二次世界大战中，美国潜艇就是利用海流造成的雷索弯曲和水雷定深的改变从对马海峡顺流进入日本海的，给日本造成了很大的打击。

4.3.2 潮汐及影响

潮汐对军事活动十分重要，特别是对海军的影响极大。掌握潮汐发生时间和高低潮时的水深是保障舰艇航行安全、进出基地码头和通过狭窄水道及在浅水区活动的重要条件。舰艇在海上锚泊待机，也须注意潮汐的影响，潮差大的锚地更要注意潮汐的变化。高潮时，水涨船高，舰艇容易脱锚，要避免发生碰撞事故；低潮时，水位下降大，要防止舰艇搁浅而贻误战机。军港基地建设不仅要考虑进出口方便和有良好的避风条件，同时要考虑到潮汐的变化，依据潮差大小确定码头的设计高低。

1. 潮汐对登陆装备运用的影响

潮汐关系到登陆作战的胜败。利用好潮汐的自然规律，有利于装备运用。例如公元 1661 年 4 月 21 日，民族英雄郑成功率领二万五千余将士乘战舰数百艘从福建金门岛的料罗湾出发，第二天到达澎湖，并进一步调查登陆海区的潮情。当时攻打台湾有两条航道：一条是水深港阔的南航道，岸上有敌重兵把守；另一条是水浅礁多航道狭窄的鹿耳门北航道，敌人设防薄弱。郑成功按兵法上攻其不备战法选择了北航道，利用大潮高潮时，顺利地通过了北航道，在台湾禾寮港登陆，直捣赤坎城，一举成功登陆，打败了荷兰侵略者，收复台湾。在解放战争中，我军解放一江山岛，由于准确地做好了气象预报和登陆点的潮汐预报，使我军在高潮时登陆成功，首次陆海空联合作战取得了胜利。潮汐在登陆作战中影响甚大。潮汐能改变沿岸水深和海滩状况，对登陆工具使用、抢滩、离滩，以及对敌水中障碍物的破除和登陆兵的上岸速度有很大影响。在大潮高潮登陆，登陆艇可直接抵达海岸或距岸近处登滩，缩短登陆时间；但对敌方设置的水中障碍不易破除。在低潮时，水位降低，滩头干出，敌方设防的滩头障碍全部暴露出来，易于发现和破除；但同时登滩到上岸的距离远了，登陆部队在滩头的冲击时间拉长，易受到敌陆上阻击。一般宜在潮差较小，潮位变化不大，地形平坦易于舰船和兵器登陆作战的区域登陆，登陆时机应选在拂晓大潮高潮的半潮面上。但考虑战争的突然性和登陆点对全局的重要性，也有选在潮差大的地方，这要综合考虑诸方面的因素。如侵朝战争中美军选择仁川登陆，该港潮差大潮时高达 10 m 以上。

2．潮汐对布雷、扫雷的影响

潮汐对布雷、扫雷影响极大。水雷是用于摧毁敌舰船和限制其航行的一种武器，它布设在敌方海域，可封锁敌人，使其失去航行自由。设在敌方交通线上，可炸毁敌方舰船、断绝交通运输。若布在己方海域，可用来防御敌人偷袭或攻击。由于水雷布设在水中，有浮雷、定深雷等，潮汐的涨落对其影响甚大。1950 年为抗击美军登陆，朝鲜人民军在元山港内和航道上根据潮差大小和流速快慢，选择了相应的雷型和适当的深度，布设了大量水雷。美军经过侦察未能发现，结果扫雷舰"海盗号"与"信约号"先后触雷沉没，朝鲜"YMS-516"号扫雷艇也被炸得粉碎，还有其他 25 艘舰船也被炸坏炸伤，致使美军不敢登陆，在港外徘徊了八天之久，致使围歼该地区朝鲜人民军主力的计划落空。

潮汐还对救生打捞、水上机场、海军测量和构筑海岸防御设施等均有影响。所以，掌握海洋潮汐变化规律，对部队作战、训练和兵器试验等都十分重要。

4.3.3　海浪及影响

海浪是海水的三大运动之一，其大浪巨涌是海洋自然灾害之一，对部队的建设、作战、训练和兵器试验，以及军事活动有着巨大的影响。

(1) 海浪是舰船制造的重要参数。

海浪要素是设计、制造舰船的重要参数。我国舰船规范中规定，浪高的标准为有效波高，海浪频谱采用舰船活动海区的实测海浪频谱，新船下水后要在高、中级海情中进行航行试验，验收合格后才能交付部队服役，以保证舰船能在预定的海洋中航行、作战。

(2) 海浪对操纵船的影响。

舰船在海浪的作用下产生摇摆，使舰船操纵困难，而易失平衡。如果海浪运动的周期和舰船自身振动的固有周期相同时，就会发生共振现象，摇摆会越来越大，最为激烈时，可造成舰船上层建筑物的破坏，甚至有倾覆和船体断裂的危险。

当舰船航行方向与海浪传播方向一致时，船将产生纵摇。随着海浪的起伏，舰船一会儿向上，一会儿朝下，颠簸着前进。当舰船航行方向与海浪传播方向垂直时，船将产生横摇，随着海浪的起伏，浪来时舰船被浪抬起，浪过去后船进入波谷中，产生左右摇摆，在巨浪袭击时，会加剧船体的倾斜度，以致于发生翻船。因此，在航行中应尽量避免"打横"和处于受"横风""横浪"的状态。

(3) 海浪对舰船机动性的影响。

在海浪的影响下，舰艇的机动性受到限制，舰船不能很好地听从舵手的指挥，从而不能实行机动灵活的战略战术去歼灭敌人。如当船在波峰时，会增大船的压力和阻力，使船减速；当船尾在波谷时，螺旋桨会发生空转，使船易发生偏转。在这两种情况下，舰船都不能正常快速航行，从而影响舰艇的编队航行和作战部署。在海浪的冲击下，舰船在有水上或水下障碍物的复杂海区、港口、狭窄水道或海岸附近航行易发生事故。有拍岸浪时，往往给舰船靠岸、登陆带来困难，使舰艇产生打横，有被拍岸浪卷翻的危险。

(4) 海浪对舰船航向航速的影响。

海浪对航行中舰船产生波阻力，降低航速，影响航向。这种波阻力，一则来自船航行时兴起的船波，所消耗的能量相当于给船增加的阻力，在船舶工程上称为兴波阻力。兴波阻力与船速的高次方成正比，也与船的形状有关。二则来自船在风浪中航行时较在静水中航行所增加的阻力，称为汹涛阻力。汹涛阻力的大小决定于海浪大小，此外与船型、船长和船速也有关。因此顺风顺浪，船开得快，顶风顶浪，增加前进的阻力，船开得慢。据研究计算，一般航速为 18 节的舰艇，在 5 级海浪中顶浪航行，航速降低 4 节；若在 8 级海浪航行，航速降低 7 节。当风浪极大时，航速还要降低，有时不能前进甚至倒退。在大风浪中航行，海浪冲击舰船，偏离预定航线，若不及时修正，拖长航行时间，从而不能按时到达既定目的地，贻误战机；当遇有暗礁浅滩，甚至会造成搁浅、触礁、翻船等事故。

(5) 海浪对水雷的影响。

海浪阻碍扫雷具的使用，影响水雷的布放和扫雷工作的进行。海浪使雷索不停地震动，浪大可拉断雷索。海浪的冲击作用，在近岸和浅水区较大，可移动原定水雷的位置，导致水雷雷位和水雷深度发生变化，影响海区水道的封锁效果。水雷的定深越小，受波浪的冲击影响越大。海浪使漂雷改变预定的方向，有大浪时波及海底，可造成海底沉底水雷的位移，既降低了水雷障碍密度，又减少了水雷的战斗有效期。风浪涌浪大时，波峰波谷升降也大，在波谷处可使埋于水中的水雷露出水面而暴露目标。同时还会影响水压水雷的水压引信正常工作的压力系数，从而使水雷失效。在大浪中航行，海区若布有浮雷，还会增大舰艇的触雷危险。

(6) 海浪对雷达使用效果的影响。

海浪对探测雷达产生回波，在雷达荧屏上增加干扰，使对海面目标物的探测不清晰，易造成判别上的失误。在大风浪中，海面一片茫茫的浪花，使雷达探测更为困难。海浪对雷达性能的影响主要是对天线方向性系数的影响。天线和目标物受海浪影响，产生不同程度的摇摆，两者间的相对运动会使目标物偏离天线波束主轴，降低天线的方向性系数，从而导致雷达最大作用距离的降低。

海波对雷达回波的影响。海浪使海面高低起伏不平而产生雷达回波，在雷达荧光屏上产生许多小光亮点，俗称海水杂波。海水杂波的亮度随风浪增大而增强，风浪较大时，光亮点会成片地出现，可造成 5 海里范围内的目标回波被"淹没"掉。

(7) 海浪对登陆舰船航渡和部队登陆的影响。

在风浪极大时，海波影响登陆舰船的航渡，而且使中途换乘操作带来困难，容易发生意外事故。强烈的近岸波(拍岸浪)使登陆舰船难以抢滩登陆，导致延长登陆时间，造成重大伤亡，甚至艇毁人亡的危险。现在各国海军在强攻时大都采用大型的排水型登陆工具，但由于船大吃水浅，受风浪的影响较大也易受敌方岸防部队的导弹和火炮的射击，成为打击的目标。新型的高速气垫登陆艇，能载 75 t 物资，以 50～80 节的航速登陆，通过 4000 m 只需 1～2 分钟，它可以从水中直接上岸不需中间乘换，又能爬越高低不平的海滩，深入内陆，甚至能撞倒半米多粗的松树。像这样先进的登陆工具也要受到海浪的制约，气垫船在海浪高 1 m 左右时航行较为有利，但当海浪增大超过一定的高度时，气垫船的性能就会降低。

4.3.4 海水盐度及影响

海水因含有大量的盐分，既不能饮用，也不能供舰艇锅炉、机器冷却使用，只有经过淡化处理后才能使用。海水盐度的影响有：

(1) 盐度对水雷、触线水雷和漂雷有较大的影响。

因为触线水雷是以海水作为导电体的，在盐度低的海区，不宜使用触线水雷。在盐度大的海区，海水密度也大，相应对水雷产生的漂力也就大。因此，漂雷要根据布设海区的盐度变化来调整零漂力点，以适应海区盐度的变化情况。当漂雷从一个海区漂到另一个海区时，若盐度变化达到或超过±14‰时，漂雷就会失去自动调节能力。因此在盐度变化大的江河入海口区和盐度低的海域使用漂雷需特别注意盐度的影响。在盐度大、水温高的海区使用锚雷会腐蚀、损坏雷索，从而缩短其使用寿命。

(2) 盐度对水声器材的影响。

海水盐度变化还会引起海水密度的变化，影响声波的传播速度，从而影响水声器材的探测距离和准确性。当海水盐度增大，其密度也增大，声音在海水中传播的速度亦增大。盐度每增加 1‰，声速增加 1.3 m/s。海水盐度在垂直方向上的变化也会影响水声声呐的工作距离和回声测深仪的测深精度。

(3) 海水盐度也间接影响舰船航行。

海水盐度越大，海水结冰的冰点越低。盐度在水平方向上的变化影响着海面冰的形成和融化，在一定程度上也决定了舰船航行的季节。冬季海面结冰，当厚度大于 10 cm 以上就会影响舰船的安全航行。

4.3.5　其他海洋水文及影响

1. 海洋跃层

海洋跃层的形成与存在阻碍海洋上下水层间热、盐等性质的交换，因而对铅直向温盐等性质的分布产生极大的影响。研究跃层的形成及分布规律，对潜艇活动、水声探测和水下通信等均有重要意义。

在层结稳定的海洋中，海水的密度随深度发生急剧变化的水层简称密跃层，通常出现在海水混合及两种水团交汇和江河淡水流入、水温、盐度发生突变处。

海水的密度是水温、盐度和压力的函数。当海水的温度降低、盐度增高、压力加大时，密度就相应地增大；反之则变小。在海洋上层压力影响可以忽略时，可用水温和盐度讨论密度变化。因此，可依据温度、盐度跃层形成的原因分析浅海或深海大洋上层密度跃层的成因(见温度跃层)。海水密度变化通常主要取决于温度的变化，除有大量淡水流入的江河口区域和盐度垂直梯度特别大的个别海区以外，海洋中的密度跃层大体上和温度跃层重合。我国多数浅海地区冬季密度跃层垂直均匀分布，夏季伴随着温度、盐度跃层的形成有时会出现强大的密度跃层。

密度跃层带特别稳定时能有效阻止海水的上下对流。当上层密度小、下层密度大的正密度梯度跃层达到一定强度时，潜艇在其上停留，所受的浮力等于自身的重量，就像潜坐在海底一样平稳，因此这样的密度跃层被形象地称为"液体海底"。在世界大洋的各个海域和不同深度常常存在这种"液体海底"，只是强弱不同而已。

"液体海底"的存在对潜艇水下活动有利有弊：潜艇通过"液体海底"时，上浮、下潜操纵困难；潜坐在"液体海底"上，可以待机侦察、攻击或隐蔽；潜入"液体海底"下隐蔽，可有效地躲避敌方声呐的搜索。另外，在密度跃层上产生的界面内波会使舰艇航行减速，行进困难，形成"死水现象"；也可使水下活动的潜艇产生剧烈震动和点播，甚至被抛出海面或摔沉海底，造成艇毁人亡。

2．海啸

海啸对沿海地区的设备、设施的破坏是毁灭性的。世界上受海啸袭击较多的国家和地区主要有日本、印度尼西亚、智利、秘鲁，以及加勒比海沿岸、夏威夷群岛和阿留申群岛沿岸。除我国台湾东岸外，太平洋地震带上发生的地震海啸对我国沿海的影响较小，主要原因是沿岸受日本、琉球群岛、我国台湾、菲律宾、印度尼西亚等岛屿和浅海大陆架的保护，越洋海啸进入我国沿海后能量衰减很快，不足以引起灾害。我国近海地震海啸发生频率很低，1949 年以来，我国有记录的海啸有 3 次。但我国是一个多地震的国家，因此近海地震海啸发生的潜在危险和可能引发的灾害不容忽视，尤其在我国南海和台湾周边海域，我国历史记录的地震海啸中约 70%发生于此。

3. 厄尔尼诺与拉尼娜

厄尔尼诺的出现和演变通常以赤道太平洋不同海域的区域平均海面温度(SST)距平值来表示。常用的几个海域有：Nino3 区(5°N～5°S，150°～90°W)，代表赤道东太平洋；Nino4 区(5°N～5°S，160°E～150°W)，代表赤道中太平洋；Nino1+Nino2 区(0°～10°S，90°～80°W)，代表南美沿岸海域。也有许多学者将 Nino C 区(0°～10°S，180°～90°W)的海面温度代表赤道东太平洋海面热状况。国际上，在确定厄尔尼诺事件时，选取各海域的海面温度指标有所差别。一般用 Nino3 区或 Nino C 区的当月平均海面温度距平值连续 6 个月以上高于 6.5℃作为厄尔尼诺事件发生的指标。而海面温度超过正常值的大小、异常暖水区覆盖的面积和持续的时间，以及对气候的影响程度等，都可以反映厄尔尼诺事件强弱。典型的厄尔尼诺特征有：赤道中、东太平洋具有深厚的暖水层，海面温度一般平均偏高 1.5℃～2.5℃，次表层水温偏高约 3℃～6℃；赤道中、东太平洋暖温层深度明显增加，通常可达 150～175 m；在赤道太平洋东部对流性降水明显增加，但在赤道太平洋西部、印度尼西亚和澳大利亚北部对流性降水明显减少；赤道西太平洋大气低层出现西风；南方涛动指数表现为明显的持续负指数；沃克环流异常偏弱；赤道太平洋东部副热带地区高空气压高于正常状态；两半球副热带北部冬季平均急流位置向赤道地区和向东偏移。20世纪60年代以来，厄尔尼诺事件的发生趋于频繁，90年代就发生了4次。厄尔尼诺事件的强度也趋于增强，近百年来最强的厄尔尼诺事件出现在1997—1998年，其次是1982—1983年。

厄尔尼诺的发生与热带和全球许多地区的气候异常及灾害有密切联系，各国科学家都十分重视对厄尔尼诺的研究。许多研究表明，厄尔尼诺事件同南方涛动之间有很好的对应关系，即在厄尔尼诺事件发生的同时，还会发生东南太平洋与印度洋及印度尼西亚之间的反相气压振动现象，相应的赤道地区东西向环流也会减弱。因此，各国气候和海洋学家已把单纯的厄尔尼诺事件扩充为厄尔尼诺-南方涛动事件(ENSO)，并进行深入研究和积极开展对 ENSO 的监测、诊断、数值模拟及预测，从而减轻厄尔尼诺造成的各种灾害与影响。

与厄尔尼诺事件的确定一样，拉尼娜的出现和演变通常也以赤道太平洋不同海域的区域平均海面温度(SST)距平值来表示。在确定拉尼娜事件时，常用 Nino3 区(5°N～5°S，150°～90°W)或在 Nino C 区(0°～10°S，180°～90°W)的当月平均海面温度距平值连续6个月以上低于−0.5℃作为拉尼娜事件发生的指标。一般拉尼娜事件较厄尔尼诺事件持续的时间偏长、强度偏弱，对气候的影响一般也比厄尔尼诺弱。典型的拉尼娜特征为：赤道中、东太平洋具有低于正常温度的深厚冷水层，海面温度一般平均偏低 1℃～2℃，次表层水温偏低约 2℃～4℃；赤道中、东太平洋斜温层比正常更浅，深度仅为 50～100 m；在赤道太平洋东部，对流性降水受到抑制；赤道太平洋大气低层偏东信风比正常增强；南方涛动指数表现为明显的持续正指数；沃克环流异常偏强；两半球副热带北部冬季平均急流偏弱。20 世纪 60 年代以来，拉尼娜发生的频率小于厄尔尼诺。20 世纪最强的拉尼娜事件出现在 1915—1917 年，其次是 1975 年及 1988—1989 年。

4. 风暴潮

风暴潮可在沿海地区造成严重的自然灾害，若和天文高潮、暴雨、洪水叠加，往往会使受影响的海域水位暴涨，给人民生命财产和沿岸设施带来巨大损失，对军事活动也有重要影响。

气象水文要素对作战的影响是全方位的，且贯穿作战的始终，特别是在现代条件下陆海空天电多维立体的作战受水文气象条件的制约更加明显。如何趋利避害地运用水文气象条件，掌握战场的主动权，必须熟知各种水文气象条件对装备运用和武器使用的具体影响。同时，还应尽可能地利用云图等手段进行天气预报，提前筹划相关行动。

4.4　气象水文环境预报相关知识

4.4.1　卫星云图

卫星云图是指由气象卫星观测、发送的，显示天空云层覆盖和地表特征的图片，是天气分析、预报和大气科学研究的一种重要资料。

1. 卫星云图基本分类

卫星云图可分为红外云图、可见光云图和水汽云图。

(1) 红外云图。卫星在 10.5～12.5 μm 测量地表和云面发射的红外辐射，将这种辐射以图像表示就是红外云图。在红外云图上物体的色调决定于其自身的温度，物体温度越高，发射的辐射越大，色调越暗，因此红外云图其实是一张温度分布图。由于大气有吸收率及物体发射率不完全为1，卫星接收到的红外辐射要比实际表面温度发射的黑体辐射要小，故严格地说，红外云图是一张亮度温度分布图。地面的温度一般较高，呈现较暗的色调。由于大气的温度随高度是递减的，故云顶高而厚的云，其温度低呈白的色调。低云的云顶温度较高，与地面相近，故在红外云图上不容易识别。由于各类云的云顶温度的差异较大，因此在红外云图上可以识别各种高度的云。此外，因为地表的温度随季节、纬度、海陆分布及其本身的热惯量而不同，所以在红外云图上的色调亦不同。在电视显示的红外云图上，地表以绿色表示，以与云区分开。

(2) 可见光云图。可见光是波长从 0.35～0.80 μm 很狭窄的波段。卫星在可见光谱段测量来自地面云面反射的太阳辐射，将卫星接收的这种辐射转换为图像称为可见光云图。卫星在可见光谱段选用的波长间隔有 0.52～0.75 μm 和 0.58～0.68 μm。卫星在可见光波段接收辐射与物体的反照率和太阳的天顶角有关，若太阳天顶角越小，物体的反照率越大，则卫星接收到的辐射越大，反之则越小。在可见光云图上，辐射越大，色调越白；辐射越小，色调越暗。通常云层越厚，反照率越大，色调也越白。水面(如湖泊、海洋)的反照率很小，表现为黑色，陆地反照率比海洋略大，表现为灰色，而潮湿或森林覆盖的地区表现为灰暗的色调。在电视显示的卫星云图上，地表和海洋分别用绿色和蓝色表示。

(3) 水汽云图。卫星选用 6～7 μm 水汽吸收谱段接收大气中水汽发射的辐射，以图像表示便得到水汽图。在这一波段，水汽一面接收来自下面的辐射，另一方又以自身较低的温度发射红外辐射。卫星接收到的辐射决定于水汽含量，大气中水汽含量越多，发射的辐射越小；水汽含量越少，大气低层的辐射越可以透过水汽到达卫星，则卫星接收的辐射越大。在水汽图上，色调越白，辐射越小，水汽越多；否则越少。对于 6～7 μm 水汽带，卫星测得的辐射来自对流层中上层，故水汽图反映大气上层水汽的空间分布。

2．卫星云图其他知识

卫星探测的分辨率是指我们在图像上分辨物体的能力，它包括空间、亮温和时间分辨率三个参数。空间分辨率是指在图像上能清晰地分辨出两个物体之间的最小面积单元，也称为"像素"或"像元"；红外云图上的亮温分辨率是指能分辨出两个相邻卫星探测现场的最小温度差；时间分辨率是指卫星对地球表面进行一次观测的时间，也可以说是卫星对某地重复扫描的间隔时间。卫星的可见光感应器扫描地球和云表面反射的辐射，红外感应器扫描地球和云表面发射的红外辐射，水汽感应器扫描对流层中上部水汽发射的辐射。红外和水汽光谱域中探测到的辐射量和频率完全取决于发射体的温度。因此在红外云图上，色调越暗，表示辐射体的红外辐射越强，亮温越高，色调越浅，表示红外辐射越小，亮温越低；在水汽图上，色调越白，表示大气中的水汽含量越高和云顶亮温越低，反之则水汽含量越低和亮温越高。可见光光谱域获取的反照率决定于被观测物体的颜色、亮度及表面粗糙度等因素。

另外,在红外光谱频率域中,衰减和污染还容易造成图像判断和分析的失误。发射体的能量在向卫星传输途中,因散射和吸收造成能量损失,形成衰减。卫星的视角也影响衰减,即离卫星星下点越远衰减越厉害。衰减的结果导致红外云图上的亮度比其真实情况更亮(更冷)。星下点的污染发生在卫星扫描一些来自薄云下方较暖及较密实的低云辐射时。此外,在使用红外云图时还有一个容易犯的错误,就是把密实的卷云误判为风暴的主云系。

判释一幅可见光云图时,要十分注意该图像是何时获取的。若它是上午前期和下午后期某个时次的图像,由于太阳高度角较低,图像中的整体亮度较暗,因此可以看到伸展较高的云投下的暗影;若是中午时刻的图像,由于感光较强而图像色调较亮,因此甚至可能看到云的衰减状。在进行可见光图像判释时,有一个使用得比较良好的经验规则是:越高、越厚的云色调越白亮,但也有两个例外,一个是上午的云并不亮,二是雷暴顶的高度与云的亮度关系不密切。在红外云图上,相同强度的雷暴云系,往往白天比夜间表现得更强。

3．云图特征识别

卫星云图识别是指运用天气学知识,确定每个地区可能或不可能出现的某种云型或云系。进行云图识别可以减少图像判释中的失误。在做具体的云图分析时,通常根据云图上云或云系的 6 个基本特征来识别。这 6 个基本特征分别为型式、范围大小、边界形状、色调、暗影和纹理。

(1) 型式。型式是指图像上不同明暗程度的像素点分布式样。这些像素点或者成散乱分布或者成有组织的分布，组成一定的型式(结构)。例如台风和温带气旋中的云常常组成螺旋状结构，锋面、急流、热带幅合带中的云常常表现为带状云系。

(2) 范围大小。卫星云图上云的种类和云系的不同，云区范围也有很大的差异。因此根据云区范围的大小可以识别云的种类、云系和云型以及推断出云形成的物理过程。

(3) 边界形状。卫星云图上云和云系都具有一定的边界形状，而地球表面的海洋、湖泊、河流和山脉也有自己的边界形状。通过对湖泊和河流的边界变化可以判断出该地区的干旱和涝灾。在水汽云图的分析中，边界的形状更为重要。

(4) 色调。色调也称亮度或灰度它是指卫星图像上物像的明暗程度。在不同通道的图像上，色调代表的意义也不同。

在可见光云图上，物像的色调与反照率和太阳高度角有关。云的色调随云的厚度和密度加大而变白，厚的积雨云最为白亮，在厚度和太阳高度角相同的情况下，水滴云比冰晶云更白。

在红外云图上，物像的色调决定于其本身表面的温度，即物像表面的温度越低色调越白。在水汽图云上，物像的色调决定于对流层中上部大气的水汽含量和物像表面的温度。

(5) 暗影。暗影是可见光云图上太阳高度角较低时高目标物在低目标物上的一种投影现象。因此，它出现在高目标物的背光一侧的低目标物上，表现为暗块或者细暗线。暗影只能出现在色调较浅的低目标物表面上，太阳耀斑区最容易见到暗影。在分析暗影时要特别注意将云缝区与暗影区分开来，红外云图没有暗影现象。

(6) 纹理。纹理表示云表面的粗糙程度。种类不同的云或云区中参差不齐的云高以及不同薄厚的云层等因素造成云顶表面很光滑或者呈现多起伏的皱纹和斑点或者为纤维状。纹理和暗影一样，和色调有关系，如云顶高度的参差不齐，在可见光云图上造成许多暗影而显得多纹理，在红外云图上则造成色调明暗相间而同样表现为多纹理。

在云图上有时候在大片云区中出现一条条很亮或很暗的条纹，它们呈现弯曲状或直线状，云图分析中称为"纹路"或"纹线"。它们的走向与风的垂直切变方向一致，从而可用它们来推断高空风的风向。

4.4.2　天气预报方法

目前，我国气象台站常用的天气预报方法有以下几种：

(1) 天气学方法。根据天气学的理论，对于由气压场、风场主导的各种天气系统的活动规律以及降水、大风等各种天气现象的演变过程进行诊断分析并做出推理预报的方法称为天气学方法。

(2) 统计学方法。应用数理统计的理论和方法，通过分析大量历史气象资料，揭露天气变化的客观因果关系，找出气候变化的统计规律，预报未来天气或天气形势的方法称为统计学方法。用这种方法制作的天气预报称为统计预报。

(3) 动力学方法。对大气动力学方程组进行求解来预报未来天气形势和天气状态变化的方法称为动力学方法。动力学方法奠定了数值预报的基础。数值预报是利用现时的观测资料作为初始值，将描述大气运动规律的流体热力学等方程组成方程组，按设定的条件进行合理的近似和简化，并利用计算机解出方程，预报未来一定时间内大范围的天气形势和天气。数值预报使天气预报在客观化、定量化和自动化方面向前迈进了一大步，使某些天气过程的准确率有了明显的提高。

(4) 综合预报方法。前三种预报方法各有其优越性和局限性。目前在实际天气预报业务中较常采用的做法是：参考各预报方法的预报结论，再结合预报员的经验进行综合的分析和判断，最后得出预报结论，这种方法称为综合预报方法。

第五章 电磁空间环境

5.1 电磁空间与战场电磁环境

伴随着人类社会的发展与进步，人类活动和国家利益的范围也随之而拓展，即从陆地发展到天空，从近海发展到远洋。进入信息社会，人类活动和国家利益范围急剧扩大，已遍及太空和电磁空间。国家利益对海洋、太空、电磁空间的依赖程度将越来越高，在这些新领域里的摩擦和矛盾也将越来越多。特别是随着战争形态和部队建设的信息化转型，电磁频谱资源日益短缺，电磁环境日臻复杂，电磁空间安全需求日趋紧迫，这些都将对国家安全与战略利益拓展产生重大影响。军事实践的触角由四维空间向电磁空间延伸，使传统国家安全疆界的观念受到新挑战，也赋予了国家战略安全的新内涵。

1. 电磁空间的基本概念

电磁空间是各种电磁场与电磁波组成的物理空间，有广义和狭义之分。从广义上讲，凡是存在电磁属性和交变电磁场传播所及的一切物质和空间均属于电磁空间范畴。电磁波在无限空间里可以无限传播，由此构成的电磁空间是无限的。相对而言，为达到一定的目的，为特定的电磁波应用活动提供一定安全保障的电磁空间即狭义的电磁空间。如微波暗室是对电磁环境"清洁度"要求非常高的精密电磁测试活动的独立电磁空间；又如没有强电磁干扰的广播电视、移动通信、机场雷达导航等业务要求的洁净电磁空间；再如在主权管辖区域内国家和军事要地、海洋以及天空太空中的电磁辐射空间。

与电磁空间密切相关的概念还有电磁波应用活动、重大电磁波应用活动、电磁频谱以及电磁空间安全。

(1) 电磁波应用活动是指与电磁波相关的各类科学试验、科学研究以及电磁波的军用和民用活动，包括广播电视、移动通信、机场雷达导航、防空雷达网、战场通信等，通常简称为电磁活动。在各类电磁波应用活动中有些是与国家经济、政治、军事、社会的稳定和发展有着密切关系的。这些与国计民生相关的重大业务活动称之为重大电磁波应用活动。一旦这些重大活动应用的电磁波受到恶意干扰、破坏和欺骗，就将造成严重的影响和后果。

(2) 电磁频谱是涉及电磁频率或波长的重要的电磁物理属性。它是不同于其他资源的一种特殊的自然资源。电磁频谱涉及的频率范围非常广，涉及极低频、超低频、特低频、甚低频、低频、中频、高频、甚高频、特高频、超高频、极高频、至高频、远红外、中红外、近红外、可见光、紫外线、射线以及其他更边缘的频率，也就是从零到无穷大的频率范围。

(3) 电磁空间安全是指特定电磁空间内的各类电磁波应用活动能够以没有危险、不受威胁、不出事故的形式正常进行。随着电磁空间和电磁波应用的越来越广泛，电磁空间安全成为电磁空间建设的重要目标，甚至跃升到关系战略利益和国家安全的高度。

2．战场电磁环境的内涵

随着战争形态由机械化向信息化的加速演进，电子信息技术对武器装备的广泛渗透和电子信息系统在作战中的大量运用，现代战争将无法回避地在复杂多变的电磁环境中展开。

随着人类社会步入信息化，新的环境因素又出现在人类面前。电磁环境便是信息社会给人类带来的新的生存和发展环境。社会生活中，人们熟知的无线电广播、电视、手机、电话、电报等无不依赖电磁信号进行传播，可以说人们的生活已经和电磁波密不可分了，电磁空间成为信息化社会中人类的又一重要活动空间。电磁环境影响到人类的所有活动，战争也不例外。战场电磁环境是信息化战争中的一个重要影响和制约因素，是战场环境的重要组成部分。在战场上，复杂电磁环境突出表现为激烈对抗条件下全频谱、多类型、高密度的电磁辐射信号在空间的立体传播及其相互影响。

战场电磁环境不仅是通信、雷达、计算机、光电子的信号环境，也是电子对抗的信号环境；不仅是电子发射体、电子接收体等电子设备工作的电磁环境，也是许多电子设备工作效果与其他因素相结合的特殊产物。战场电磁环境是战场环境的重要组成部分。

随着现代新体制电子装备在陆、海、空、天的广泛应用和电磁频谱的迅速拓展，指挥员面对的战场电磁环境变得更为错综复杂、往复交叠。密集的电磁波在整个空间交叉穿梭却了无痕迹，只有依靠专门的接收或探测设备才能查明电磁信号的分布及参数情况。在电磁控制权的争夺上能否取得优势，不仅依赖于投入装备的性能，而且取决于指挥员对电磁环境的驾驭能力。

5.2　电磁环境的构成及特性

5.2.1　电磁环境的构成要素

1. 战场电磁辐射源要素

从战场电磁环境的内涵可知,电磁辐射源是形成战场电磁环境的有形依托和最终归宿。电磁辐射源的种类、分布、工作状态等直接决定着电磁环境的状态,是战场电磁环境的构成要素。所谓电磁辐射源,就是能以电磁波形式向空间发射能量的设备,种类主要有雷达、无线电台、导弹制导系统、电子对抗设备和导航发射台以及其他自然辐射源等。

电磁辐射源的部署位置、工作状态及战术运用规律等因素都会对战场电磁环境和电磁态势产生影响。各级、各军兵种指挥员都应掌握战场上敌我双方以及民用辐射源的配置及变化信息,这样不仅可以预测电磁信号环境,还可以有针对性地调整己方电子设备部署,制订作战方案。战场电磁环境的动态变化和电磁态势的综合显示在很大程度上取决于电磁辐射源的部署、工作状态和变化情况。

在现代战场上,部署数量比较多的电磁辐射源有:通信电台、雷达、激光源制导设备和无线电引信等。例如,在一个千余平方公里的师级典型部署地域内通信电台的数量可达 2000 部左右,又由于通信电台部署不均匀,许多地域的电台密度可达几十部每平方公里。电磁辐射源数量直接决定了电磁信号密度的大小。例如在机载雷达对抗侦察中,如果侦察机天线同时受到多部雷达的照射，假设每部雷达的脉冲重复频率平均为 1～2 kHz，那么，信号密度将达到 5～10 万次/秒。

把战场电磁辐射源情况提供给指挥员，不仅可以使其掌握电磁辐射源的信息，而且可以使指挥员通过判断电磁辐射源的工作与使用状态来推断出其他相关信息。如通过查找辐射源密集区和信息交换频繁的地方，就可以判断敌方通信、指挥中枢等情况，进而确定作战行动和电子对抗行动的主要进攻方向或目标。

2. 电磁辐射源组网要素

电磁辐射源组网主要是指通信电台和雷达的组网使用。这种组网形式一方面是为了应对作战需要提高通信与对空警戒的效率，另一方面也是为了构建有秩序的电磁环境，保持各种电子设备高效、稳定地运转。因此，电磁辐射源组网是战场电磁环境的主要构成要素之一。

1) 通信网

由若干通信台站、通信枢纽和传输信道组成的通信联络体系称为通信网。构成电磁环境的通信网主要是指无线通信网。指挥员一方面需要了解作战地域内的通信网分布情况，即通信网的数量、各通信网的组成、地理分布、级别、属性、应用性质(属于指挥网、后勤网、协同网等)、工作特点以及配备的电台类型等，另一方面也需要了解通信网具体组成情况，即组网类型、网络节点位置、通信网台相关特征分析、通信网通(专)联特点分析、组网方式、工作方式、使用时制等。无线通信网的部署范围基本覆盖了整个战场地理空间，具有相对的结构稳定性和运行计划性。尤其是在无线电通信频谱的使用上，更是严格规定了通联频率、通联时间、方向等。

无线通信网是无线电通信战场电磁环境的构成基础。

2) 雷达网

雷达网也叫组网雷达。所谓组网雷达，是指通过将多部不同体制、不同频段、不同程式(工作模式)、不同极化的雷达或无源侦察装备在空间适当布站，借助通信手段连接成网，并由中心站统一调配，从而形成的一个统一有机的整体。网内各雷达和雷达对抗侦察装备的信息(原始信号、点迹、航迹等)由中心站收集，综合处理后形成雷达网覆盖范围内的情报信息，并按照战争态势的变化相应调整网内各雷达的工作状态，发挥各个雷达和雷达对抗侦察装备的优势，从而完成整个覆盖范围内的探测、定位和跟踪等任务。布局合理的雷达网体系能够形成功能互补、资源共享优势，可以提高检测概率和数据传输率，能够保证航迹的连续，改善跟踪精度，扩展威力空域，提前告警时间，缩短反应时间，确保可靠性和置信度，增强抗软/硬武器摧毁的能力，从而形成防空系统的局部优势。

雷达网的组成具有工作频率复合、工作体制多样、部署位置相互补充、工作时间临机性强的特点,这样就对战场电磁环境产生了十分复杂多样的影响。事实上，雷达网的电磁辐射往往就是战场电磁环境的构成主体，也是人们对战场电磁环境复杂性认识的起点。

3. 电磁信号环境要素

在一定时刻，某一地域内不同体制、不同调制方式的电磁波信号构成了电磁信号环境。电磁波信号在时域、空域、频域的分布特性结合自然电磁环境的实际传播效应，将直接作用于战场电磁空间，并最终形成战场电磁环境。从影响作战行动的主要形式上看，电磁信号环境实质上就成为战场电磁环境的主要表现方式。

电磁信号是信息以电磁波为载体进行传送的形式,按照用途分类,主要包括通信信号、雷达信号、光电信号、水声信号、制导信号、导航信号、无线电引信信号,以及遥测信号、电子干扰信号、噪声信号等。电子对抗信号环境的主要参数有信号密度、信号强度、信号频率范围、信号形式等。

指挥员在电磁信号环境中比较关心的问题有:

(1) 电磁信号密度。电磁信号密度是指位于某一区域的电磁接收设备在单位时间内可能收到的电磁信号的数量。通常分为雷达信号密度、通信信号密度、光电信号密度等,分别是指每秒接收到的雷达脉冲信号数量、无线电通信信号数量和光电信号数量。特别情况下,电磁信号密度也可用单位地域内电磁辐射源的数量表示。信号密度的增加对各种电磁接收设备的正常工作带来了多方面的复杂影响。首先,接收设备的工作效率大幅降低,特别是当单位时间内接收机收到的信号大于其接收容量时,将导致接收机处于饱和状态而不能正常工作;其次,对有用信号的识别难度增大,密集、多样,甚至是相似的电磁信号拥挤在接收机上,往往会导致信号误判,轻者贻误战机,重者会发生误击、误干扰的情况,最严重的则会将己方原本有序的战场电磁环境引向混乱。

(2) 电磁信号强度。电磁信号强度是指在接收点处无线电信号的场强。电磁信号强度与辐射源功率大小、距离远近,以及电磁波衰减率等因素有关。信号强度是对各种电子信息系统产生影响的能量基础。在空间上各种电磁辐射的相互交错本质上就是各个空间点上电磁信号强度的叠加,考查一个所关心的电子信息系统受战场电磁环境的影响程度,就是关注该系统所接收到的各种电磁信号的强度。如果某一电磁信号强度较高，超出了接收机灵敏度的最低值，则此电磁信号必然进入到电子信息系统内部产生影响。因此，每当部署一部雷达或电台时，不仅需要考虑其自身的电磁辐射对整个环境的影响，更要对该设备所接收到的工作频段内的电磁信号强度进行测量，这是适应电磁环境的必然要求。

(3) 电磁信号样式。电磁信号样式即信号的调制方式及参数特征。一般要分类统计与估算各种军用电子设备的信号调制样式及其参数特征。信号类型有多种区分方法：按发射信号的电子设备用途可分为通信信号、雷达信号、电子干扰信号、无线电引信信号、制导信号、导航信号等；按信号的频段可分为长波信号、中波信号、短波信号、超短波信号、微波信号、红外信号、激光信号等；按照电磁波传播方式可分为表面波信号、地波信号、天波信号、对流层散射信号等。另外，还可分为模拟信号与数字信号和连续信号与脉冲信号等。对于同一种的信号类型，具体使用的信号样式往往也是不同的。例如：对于通信信号，其信号样式有调幅信号、调频信号、扩频信号、跳频信号等；对于雷达信号，也存在着雷达所采用的技术体制、脉冲调制参数和频率的变化方式等多种样式。通常情况下，同一样式的电磁信号之间能够在传播过程中相互作用，对使用该类型信号样式的电子设备能够产生最为直接的影响。指挥员必须了解战场上电磁信号类型、样式和参数范围，为其有针对性地策划行动方案、调整和配备兵力兵器提供依据。

(4) 电磁信号分布。电磁信号分布通常可从时域、频域、空域三个方面来描述。时域分布描述的是不同时段内信号的分布情况；频域分布描述的是信号在不同频段的分布情况；空域分布描述的是信号辐射源在不同空(地)域的分布情况。

在现代战场上，各种军用电子设备是根据作战要求来部署与运用的，因此，电磁信号在空域和时域上的分布都是不均匀的。分析和掌握电磁信号在空间和时间上的分布特点，对于组织实施电子情报侦察和进行情报分析将起到十分重要的基础作用。例如，通常可以按照不同军用电子设备类型在频域上的分布特征，根据所截获的电磁信号工作频率来判明其用途。具体参考的数据有：通信信号占用的频率范围可达 2 MHz～4 GHz，但在指定的作战区域内，通信信号占用的频率范围往往集中在 2～500 MHz；雷达的工作频率范围可达 0.1～40 GHz，但在多数地域，工作频率则主要集中在 1～18 GHz。

4. 自然电磁环境要素

自然电磁环境是地球和宇宙间自然存在的现象。如自然电磁辐射和电磁波传播效应等属于自然生成，仅能利用，是难以人为改变的客观要素之一。由于战场电子设备作用的发挥不可能脱离自然电磁环境背景，所以，在研究战场电磁环境的时候，有必要将自然电磁环境作为重要外在因素加以分析。其中，电离层和地磁场对电磁活动的影响最为直接和长久。

1) 电离层

地球大气圈层的垂直结构可以按照电磁性质分为中性大气层、电离层和磁层。其中电离层是中性大气层和磁层之间的过渡区域，那里存在着自由电子和离子，数量和密度足以影响电磁波的传播。一般认为电离层的高度大约从 60 km 延伸到 1000 km，在这个范围内电子密度变化达 4 个量级，主要由太阳的紫外线、X 射线和其他微粒辐射所形成。

电离层的随机、色散、各向异性的媒介特性，使电波在其中的传播会产生各种效应，从而使通信信号特别是短波信号很不稳定。

在电离层区域中，由于高速微粒的碰撞和宇宙射线等的辐射，尤其是太阳紫外线的辐射，使得大气中的部分气体发生电离，形成了由电子、正离子、负离子和中性分子、原子等组成的等离子体区。电离层可以细分为 D 层、E 层、F1 层和 F2 层。

由于太阳辐射是电离层形成的主要原因，因此一年四季，乃至一天二十四小时，太阳照射的强弱变化必然会使各地电离层的情况随之变化。

电离层的第一个周期性变化是日夜变化。日出之后，各层的电子密度开始增加，到正午前后达到最大，以后又逐渐减小，在深夜和拂晓时变得最小。其中，D 层和 F1 层在日落之后很快消失。

电离层的第二个周期性变化是季节变化，这是由于地球绕太阳公转引起的。由于在不同季节，太阳的照射强度不同，故在 D、E、F1 层，夏季的电子密度大于冬季，但在 F2 层，冬天的电子密度反而比夏季的大(这是因为 F2 层的大气位于高空，在夏季时受热膨胀，电子密度相对变小)。

电离层的第三个周期性变化是太阳活动周期变化。目前，广泛使用太阳黑子数的增减来表征太阳的活动性，黑子数增加时，太阳辐射的能量增强，各电离层的电子密度也随之增大。黑子的数目每年都在变化，但存在一定的规律性，大约以 11 年为一个周期。

另一个突发性的太阳辐射变化现象是太阳耀斑。太阳耀斑是出现在色球层中太阳黑子附近的一种爆发，常常引起电波吸收和 E 区电离度的增加。在耀斑期间，来自太阳的紫外线和 X 射线辐射会明显增强。大耀斑时，这种增强的辐射约为宁静时的 10～100 倍，因而导致电离层中出现一些异常现象，如短波衰落和甚低频的相位异常等。

此外，太阳喷射出去的带电粒子——太阳风，沿磁力线在空间以约 100 万英里每小时的速度流动，在几小时之内，就可以到达地球空间磁层和电离层，随即产生磁暴和极光。这可能破坏地面无线电通信、雷达、长途电信、输电网，甚至干扰宇宙飞船的电子设备。

除了上述电离层的周期性变化外，还有不可预测的不规则变化，称为反常变化。主要有 D 层突然吸收现象、突发 E 层现象、电离层骚扰现象等，它们都具有非周期性的随机特性。这些反常变化往往使电离层的正常结构遭到破坏，使天波传播受到严重影响甚至中断。

对于每个单个电离层来说，从气体密度看是上疏下密，但从太阳辐射的电离能量来看是上强下弱。所以，每层气体被电离出来的电子密度的最大值既不在最上面也不在最下面，而是在中间的某一高度上。正是电离层中电子密度的这种分布特征，使电波在其中传播的轨迹不是直线而是曲线，并在一定条件下可以经过在电离层中的连续折射而返回到地面。

2) 地磁场

地磁场主要是由地心深处的物质所决定的，对电磁波的远距离传播起着特别重要的影响作用。在地球表面，地磁场存在局部异常和微小变化。这种微小变化是由于电离层中流动的电流和来自太阳的带电粒子——太阳风引起的。

地磁场类似于一个位于偶极子轴中心的均匀磁化球产生的场，故地磁场可以认为是放在这个轴的偶极子所产生的场。偶极轴与地面相交于 A、B 两点，这即是地磁的南北极，它们分别位于北纬 79°西经 70°和南纬 79° 东经 110°。偶极轴与地球自转轴大约相差 15°。地磁南北极与地理南北 极是相反的(如图 5-1 所示)。

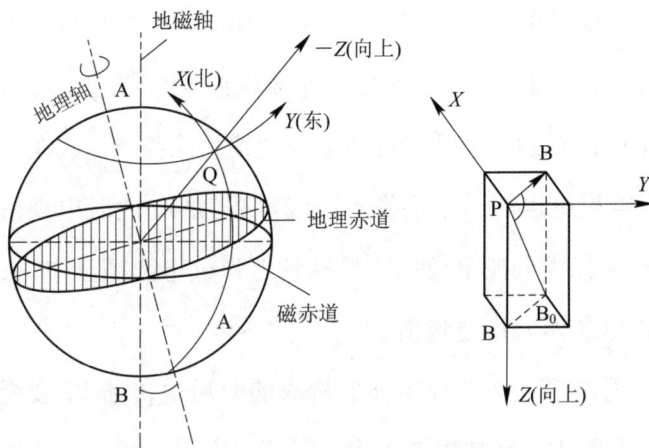

图 5-1　地磁与地理坐标的关系

在没有地球磁场的作用下，电波使自由电子做直线振荡运动，而在有 地磁场作用的时候，电子将偏离直线运动轨道而环绕磁力线做螺旋运动。 电子旋转的频率称为磁旋频率。

5.2.2　电磁环境的主要特性

根据对电磁辐射的产生与传播机理的分析可以看出，复杂的战场电磁 环境生成原因在于电磁辐射源的类型多样与数量众多，其复杂性表现则直 接与电磁波的全向传播、异频电磁波相互之间的非干涉性、同频电磁波的 相干性紧密联系，综合表现在空间分布的交叉、时间上的集中和频谱范围 上的密集三个主要方面。而这三个方面的同时作用，则使电磁环境呈现出更加复杂的特性。

1. 无形无影却纵横交错的空间形态

电磁波在同一种介质中的传播与介质的分布密度和导电性能相关。具有良好导电性的媒介能够通过磁场与电场的相互感应效应将电磁波约束在媒介内部，主要以电场的形式进行传播，如同轴电缆中的铜芯。但是一旦媒介(导体)的末端暴露在外，则由这个末端感应生成的电场与磁场交互变换而形成电磁波辐射。所以将有线电视电缆接头拔下，放在电视机电缆插头附近时，电视机也能感应接收到有线电视信号，此时电视信号就以电磁波辐射形式从有线电视电缆插头传播到电视机电缆插座中。人们通常将这种传播方式称之为无线电传播。

电磁波以无线形式在非导电体所构成的介质中传播，主要受到介质密度的影响，密度越大，衰减损耗越大。同等密度的介质对不同波长的电磁波衰减程度是不同的，波长越长，衰减损耗越小。电磁波在空气中传播就会受到大气湍流、湿度、温度，以及大气垂直密度分布和云层等多种因素的影响。外层太空空间基本处于真空状态，电磁波的传播特性受到其他因素的影响较小，这也是外层空间电磁波利用效率较高的主要因素之一。

在发现和使用电磁波之前，人类社会的活动空间中也充斥着原始的电磁环境。这主要是由太阳、地球等自然物体电磁运动的结果，具有很强的规律性，也是现代复杂电磁环境产生的背景条件。这种电磁环境就像一个水面平静的池塘，虽然也存在着由于风和地球自转所形成的细小波纹，但整体上表现为稳定、简单和较强的规律性，便于分析和认识。当人们刚刚发现电磁波并加以利用之时，正如一个人在这样的平静池塘中所投下的第一块石头，阵阵涟漪在水面上形成了规则的同心圆。初期的电磁环境就是这样的简单，即便多投几块石头，多个同心圆仍然可以在池塘的水面上形成规则的图形，即使在池塘的边缘也能认清哪道波纹是由哪块石头产生的。因此，在抗日战争初期，位于延安的 15 W 短波电台就可以与海南岛的琼崖支队建立起战略通信联系。而当池塘中的石头越投越多，人们只能分辨出石头入水处附近的波纹。所以，在现代电磁环境中，还是 15 W 的短波电台，尽管其信号灵敏度和抗干扰能力得到了显著提高，但也只能用于数十公里范围内的战术通信。这就是现代战场电磁环境在空域上的交叉现象的直接反映。

相对于观察水面波纹传播而言，电磁波在空气中的传播是立体的，各种辐射源所辐射的电磁波也带有程度各异的方向性，再加上各种电磁波工作频率的不同，受到空中的水滴和地面的高山与建筑物的反射、绕射以及衍射等效应的共同作用，在空中的同一个点上，就能够接收到多种电磁波的同时辐射。即便在一间普通的办公室中，既可以打开电视机接收到无线电视信号，也能打开收音机接收到短波、中波、调频等多个无线电台信号，还能使用手机进行移动通信。在接收和发射这些有用电磁波的同时，办公室中还充满了由于日光灯、空调压缩机甚至电源线所产生的无意电磁辐射。哪怕是楼下汽车引擎发动，火花塞工作时也会产生频率范围极广、功率较强的电磁波辐射，并能够在电视屏幕上形成"雪花点"干扰，手机和固定电话中也会听到一阵噪声。可见一个小小的办公室空间中就能够同时存在着数量如此众多、频率分布如此之广、功率大小各异的电磁波。若从更大的空间观察则可以发现，正是如此多样的电磁波通过在空间的传播，在这个办公室中交叉重叠，才会产生上述现象。

在现代化战场上的每一个阵地位置上都同样分布着类似的电磁波。只是由于战场上大功率军用电子设备的电磁辐射更为强烈、种类更为庞杂，因而，在战场空间的某一点上的电磁波交叉密集的程度将更为复杂。据统计，在冷战时期，东西德边境地区上空一架飞机将同时受到几十部不同类型雷达、数百台通信电台的辐射。美国空军一个远程作战部队所配备的电磁发射源就超过 1400 个，美陆军一个重型师的发射源超过 10 700 个，一个航空母舰战斗编队的电磁发射源则超过 2400 个。可以毫不夸张地说，现代战场上每个点上能够接收到的电磁辐射要远远大于在喧嚣的市场上一个人所能听到的各种声音的声波以及所能看到的各种物体反射或发射的光波的总和。

2. 持续连贯却集中突发的时间分布

无论是平时还是战时，电磁辐射活动在整体上是连续不间断的。在战争中同一时间内，各种武器平台也将受到多种电磁波的同时辐射，主要表现为集中突发，人们用信号密度来加以描述。这是信息化战场上必然出现的现象，是各种作战力量和武器平台必须面对的客观事物。

在音乐厅中，一支交响乐队正在演奏，各种乐器同时发出频率相近、泛音各异的声音，通过音乐厅墙壁等的反射，传送到听众的耳朵。这里，可以形象地将各个乐器比喻成各种电磁辐射源，将整个音乐厅简单地模拟成一定空间范围的战场空间，将听众的耳朵比拟成各种电磁信号接收设备，将声波等同于电磁波。可以发现，在耳朵对声波的灵敏范围内（$30 \sim 20\,000\ \mathrm{Hz}$），在同一时刻，人耳不仅能够在混合的交响乐中分辨出小提琴、钢琴、长号等各种乐器的声音以及粗略判断出各种乐器的声音来向，还能把握整个乐曲的旋律，从中得到美的享受。这是因为整个乐曲是在作曲家有意识的创作过程中，对每个乐器所发出声音的大小、强弱、高低、长短都进行了系统的安排。反之，还是这个乐队，还是使用那些乐器，但没有乐队指挥，每个乐队成员根据自己的需要，各自演奏自己的乐曲，互不相干，此时，听众只能听到十分繁杂、错乱的嘈杂之声，也难以分辨各种乐器和其所发出声音的方向，只有乐器演奏者自己才能在噪声中听到自己演奏的效果。

现代战场上，各种电磁辐射源如同交响乐队的各种乐器不停地发出声音一样，持续地发射电磁波；而接收机就像听众的耳朵一样，同时接收各种电磁辐射信号。事实上，比听众的耳朵有幸的是，接收机通常只能接收部分频谱范围的信号，耳朵却能接收各种乐器所发出的各种声音。即便如此，在每秒钟同时接收到 20 万、50 万乃至 100 万个脉冲信号的情况下，许多专门用于监测电磁信号的专用侦察机也将无法分辨各个信号的来源。如同人们不能忍受"乱弹琴"而被迫捂住耳朵躲避嘈杂的噪声一样，由于接收机及其处理系统不能同时接收和处理过多的信号，就将用出现的过载现象来拒绝工作。

正如乐谱规定了各种乐器的演奏，乐队指挥调控每个乐队成员的行为一样，在电磁时域密集的条件下，电磁频谱管理计划就是规范战场电磁环境的乐谱，频谱管理指挥员及其指挥机构就像乐队的指挥一样需要协调各种电磁辐射源的工作。然而，比乐队更为复杂的是，在战场电磁环境中不但需要与敌方进行对抗，让己方的电磁辐射按其自身的需要和规定工作，还需要以有意的电磁干扰活动破坏敌方电磁环境条件,并同时对抗敌方的有意干扰。这样,各种有用电磁辐射与敌方电磁辐射,加上双方恶意使用的电磁干扰,战场电磁辐射在时域上表现出的密集、干扰更加严重,使每一个作战平台都无法避免不同频率、不同制式、不同功率和不同形式的电磁波辐射。密集突发的电磁信号环境就是现代战场电磁环境的突出表现。

3. 无限宽广却使用拥挤的频谱范围

电磁频谱是一种重要的作战资源,也是十分有限的资源。尽管电磁频谱的范围从零可以延伸到无穷大,但可供人们使用的电磁频谱还是集中于相对狭小的区域内。又由于大气衰减、电离层反射与吸收以及不同频率电磁波的传播特性,在实际应用过程中,人们只能使用电磁频谱的几个有限的频段。相同或相似功能的电子设备往往都工作于同一频段,而这些电子设备也需要因功能相同而具有相似的技术结构。这样在频域范围内,电磁辐射信号必然会呈现出重叠的现象。正如交通系统一样,空中航线、海上航道、铁路、公路,每种交通通道上运动着的是同一类型的交通工具,有限的交通通道承载着数量众多的同一类型的交通工具,交通拥挤就成了现代社会的一大顽疾。

前面介绍过,在延安时期一部 15 W 短波电台就能与千里之外的琼崖支队建立战略通信。这正如建国之初的十里长安街上,一部性能并不好的"解放"牌大卡车也能在数分钟内穿过长安街。随着车辆的增多,尽管长安街的路面宽度和平整度都得到了很大程度的提高,但是现在即便是一辆性能优越的跑车,也需要花费很长的时间才能通过拥挤的长安街。因此,在同频段的短波辐射源数量剧增的条件下,要想完成上千里的战略通信,往往需要数百、数千瓦的电台，即使这样也难以确保可靠通信，而不得不借助于卫星的中继传输。

4. 三域重合却各有侧重的整体表现

电磁波传播在空域上的交叉、电磁辐射行为在时域上的集中，以及电磁辐射信号载频在频域上的密集，这三域中的每一域的电磁辐射活动情况都分别从不同方面表现出电磁环境的复杂性。在现实环境中，人们所从事的各种活动都同时发生在这三域之中，这样对具体的某一点、某一时刻而言，电磁环境的复杂性就是这三域交集的共同反映。也就是说，由于电磁波的交叉传播，才使得同一时间内、同一空间中的任一点上能够同时接收到众多信号。也正是由于频谱使用的密集，才使得一种设备往往在同一时间内接收到来自不同方向并可以对其功能产生影响的干扰信号。这些现象通过各自的途径对作战行动产生各自的影响，需要人们在组织实施作战行动时，从空域、时域、频域三个方面齐抓共管，才能有效地减轻复杂电磁环境的不利影响。另外，正如在黑暗中人眼对光线的灵敏度很强，突然进入灯火通明的大厅时不能忍受强烈光线的刺激，而一直待在大厅中的人，眼睛对光线的灵敏度较低，已经适应明亮的光线一样。由于对其他辐射强度的感受灵敏度不同，即使在同一空间点上，在同一时刻中，不同的接收机或其他电子设备感受到的电磁环境影响程度也不同。这实质上就是在空域、时域和频域三域影响交集的基础上加上电磁辐射功率的影响。这种影响普遍作用于空、时、频各领域，但受到接收机或影响对象对功率反应的灵敏度不同而表现各异。因此，人们在度量电磁环境的复杂性时，必须指定某个功率感应灵敏度比值。

由于上述三域的交叉与融合，三域交集所形成的复杂电磁环境是战场电磁环境的综合表现，更是人们对战场电磁环境的直接感受。

5.3　电磁环境对装备运用的影响

随着武器系统的信息化发展，以及无线电技术、微电子技术和计算机技术等广泛应用于各种高新技术武器装备，使武器装备日益电磁敏感化。在高技术战场中，复杂多变的电磁环境不仅影响武器装备的效能，而且威胁武器装备的生存。高技术条件下的战场电磁环境，特别是电磁脉冲武器或高功率微波武器产生的强电磁脉冲环境已对武器装备构成严重威胁，其破坏效果远远超过常规的电子战设备。

5.3.1　战场电磁环境效应

构成战场电磁环境的各种电磁危害源十分复杂，既有雷电、静电之类自然电磁危害源，又有雷达、通信、广播、电子对抗等射频源和定向能电磁脉冲武器(EMP)及高功率微波炸弹(HPM)之类人为电磁危害源。这些电磁危害源的总体或其中某一种对武器装备或生物体的作用效果被称作"电磁环境效应"(Electromagnetic Environment Effect)，国外一般称为 E3 问题。电磁环境效应对武器装备的影响不可低估，尤其是电磁脉冲武器和高功率微波武器在未来高技术战争中将发挥十分重要的作用。

因此，西方发达国家和(前)苏联一直十分重视电磁脉冲、高功率微波效应及防护加固技术的研究，早在 30 多年以前就开始了对电磁脉冲武器的研制。1991 年的美国政府工作报告就强调指出："应把每个武器系统的电磁环境效应与维修计划、集成化后勤保障计划放在同等重要的地位。"美国国防部还专门召开电磁环境效应会议,研究 E3 与信息战的相关问题。有资料介绍,美国有世界上规模最大和设备最先进的陆、海、空三军电磁脉冲效应研究所,着重于军事项目和武器装备暴露环境的研究,并对美军各种装备提出暴露环境下的电磁辐射标准。

复杂的电磁环境不仅严重危及电爆装置、弹药、燃油等装备和操作人员的安全,而且电磁能量通过对电磁敏感元器件的作用,能够直接影响着武器装备战术、技术性能的发挥。特别是 C4I 系统和精确制导武器在恶劣的电磁环境中能否有效地发挥性能,将关系到部队的作战指挥能力和战场生存能力。

各种电磁危害源对于高新技术武器装备的影响,主要通过能量的传导耦合、辐射耦合模式发生作用。其作用机理可以概括为以下 4 个方面:

(1) 热效应。静电放电和高功率电磁脉冲产生的热效应一般是在纳秒或微秒量级内完成,是一种绝热过程。这种效应可作为点火源和引爆源,瞬时引起易燃、易爆气体或电火工品等物品燃烧爆炸,也可以使武器系统中的微电子器件、电磁敏感电路过热,造成局部热损伤,导致电路性能变坏或失效。

(2) 射频干扰和"浪涌"效应。电磁辐射引起的射频干扰可对信息化设备造成电噪声、电磁干扰,使其产生误动作或功能失效。强电磁脉冲及其"浪涌"效应对武器装备还会造成硬损伤,既可能使器件或电路的性能参数劣化或完全失效,也可能形成累积效应,埋下潜在的危害,使电路或设备的可靠性降低。

(3) 强电场效应。电磁危害源形成的强电场不仅可以使武器装备中金属氧化物半导体(MOS)电路的栅氧化层或金属导线间造成介质击穿，致使电路失效，而且会对武器系统自检仪器和敏感器件的工作可靠性造成影响。

(4) 磁效应。静电放电、雷击闪电及类似的电磁脉冲引起的强电流可以产生强磁场，使电磁能量直接耦合到电子系统内部，干扰电子设备的正常工作。

据报道，俄罗斯和美国都已先后研制成功了电磁脉冲武器。目前，美国和俄罗斯已拥有吉瓦级高重复频率窄带高功率微波源、吉瓦级高重复频率或几十至几百吉瓦高重复频率的超宽带高功率微波源，以及吉瓦级窄带或超宽带高功率微波炸弹。据报道，美国在海湾战争和科索沃战争中曾使用过窄带或超宽带高功率微波武器。在科索沃战争后，美国还扬言保留有威力更大的高功率微波武器，用于对付更强大的敌人。

在研究和发展电磁脉冲武器的同时，美国和俄罗斯都十分重视武器装备电磁环境效应和防护加固的基础研究与仿真模拟试验研究。据报道，俄罗斯在苏联时代就开展了强电磁脉冲对电子元器件及电路的辐照效应试验研究，并建立了大型电磁脉冲模拟器，对军舰等大型武器装备进行抗电磁脉冲的模拟试验。美国以武器应用研究为牵引，在积极发展电磁脉冲技术的同时，大力开展武器装备防电磁危害的研究。从早期的"射频对军械的危害"(HERO)到目前武器装备的电磁环境效应，在概念和研究范围上不断更新和扩展。在试验对象上，从小型电子元器件到F-16战斗机、8-52轰炸机等大型武器装备，都进行了电磁脉冲模拟试验。在进行效应试验和阈值研究的同时，建立了武器装备电磁脉冲效应试验数据库。值得注意的是，即使是对陆军使用的常规武器装备，美国和俄罗斯也进行了电磁环境效应考核试验。如美军的雷达等电子装备部件和弹药包装袋都具备防静电和抗电磁的性能，俄罗斯的"红土地"末制导炮弹和炮射导弹等武器装备也都有抗静电、抗电磁脉冲的性能。

可见，在高新武器装备研究、设计和靶场试验中，仅仅考虑一般意义上的电磁兼容和电磁干扰问题是不够的。未来高技术战场的电磁环境效应，尤其是强电磁脉冲场作用下高技术武器装备的生存能力，是世界各军事强国十分关注的问题。

美国等西方发达国家之所以不惜投入巨额资金研究电磁脉冲武器及防护加固技术，是因为这种武器与一般电子战装备有着截然不同的作战效能。高功率电磁脉冲辐射不仅可以像常规电子战设备那样对敌方武器装备和指挥系统进行干扰和压制，具有软杀伤作用，而且还具有硬杀伤的效能，使敌方武器装备中电子部件或计算机系统的性能降低乃至完全损坏，直接影响武器装备的作战效能和生存能力。

电磁脉冲或高功率微波对武器装备的作用效果可以大致描述如下：当脉冲功率密度达到 $0.01 \sim 1 \ \mu W/cm^2$ 时，雷达和通信设备无法正常工作；当脉冲功率密度达到 $0.01 \ W/cm^2$ 以上时，可对武器装备造成"硬损伤"。其中，当脉冲功率密度达到 $0.01 \ W/cm^2$ 时，可使电子系统功能混乱，计算机死机，雷达、通信、导航等系统的电子元件烧毁；当脉冲功率密度达到 $1 \sim 100 \ kW/cm^2$ 时，能够在瞬间摧毁无电磁防护的目标，引爆地雷、导弹和各种电爆火工品，还可以用来直接攻击卫星、导弹、飞机、坦克、军舰等武器装备。

电磁脉冲或高功率微波的电磁辐射能量作用到武器装备上时，通过"前门"或"后门"耦合，使电磁脉冲能量以传导方式或辐射方式作用于电子部件和电爆火工品，致使武器装备的作战效能下降或完全失效。作用结果主要决定于武器装备中个别部件的电磁敏感度和电磁脉冲作用时间内每个部件接收到的电磁脉冲能量。

综上所述，强电磁辐射的电磁脉冲能量足以使武器装备中的微电子电路受到损伤或彻底失效，使敏感的电爆装置引爆，从而导致武器装备在强电磁环境下丧失生存能力。

5.3.2 电磁环境对战场探测的迷惑作用

首先，从广义上看，任何物体的存在都必然向外界辐射出不同频率、不同能量的电磁波，任何对战场环境的观察都必须依赖于电磁波的运动。对于现代高度信息化的探测系统而言，其观测战场环境的途径无外乎两种：一种是被动地接收目标反射或辐射的电磁波；另一种是主动地发射电磁波辐射目标，使其能够反射相应的电磁波，从而获取更加灵敏的观测效果。观测过程实质上就是从复杂的电磁辐射环境中筛选出有用或者说有价值的电磁信号。例如：雷达就是从天空、海洋和地面的众多杂波以及自然界和人工所产生的无意辐射干扰信号中，特别是对方有意干扰信号中，发现、识别目标反射的雷达信号；美军发射的天基红外战略预警卫星就是从地面上发出的各种红外信号中，识别、分选出弹道导弹发射时所产生的红外特征信号；最为传统的人工目力侦察实质上也是从自然背景所反射的可见光中，去寻找、发现感兴趣目标的光学信号。在第二次世界大战中，苏联红军就运用这一原理，在库尔斯克战役中集中了近千台防空探照灯，将强光照射到敌方阵地上,严重破坏了德军对苏军作战行动的观察效果。

即使是对战场自然环境的探测,人们也要使用可见光、红外和雷达所发射的电磁波。从本质上看,这些都属于电磁频谱范畴,也都是复杂电磁环境的组成部分。由于电磁波侦察探测具备更大的侦察范围和复杂气象条件下的持续工作能力,因此人们越来越依赖于使用电磁波来探测地形、地貌和天气变化,人类的社会活动所构成的社会环境也越来越需要通过电磁波传输和获取信息,进而将社会舆论与导向乘载于无形的电磁波之上。因此,掌握战场电磁环境已经成为了解和掌握信息化战场环境的主要内容和必然前提。一旦战场电磁环境出现混乱无序的状态,战争的"迷雾"则必然更加浓厚。

信息时代对战场情报的获取,大部分依赖的是陆、海、空、天一体化侦察体系中的各种电子侦察装备。侦察活动就是对不同频段电磁波的综合利用。在科索沃战争中,北约采取的综合情报侦察行动分别从高、中、低三个层次展开。高层包括动用的50多颗卫星,如"锁眼"光电成像侦察卫星、"猎户座"和"大酒瓶"等电子侦察卫星;中层包括 E-3 和 E-2C 预警飞机、RC-135 电子侦察飞机等空中侦察设备;低层包括部署在南联盟周边国家的地面电子侦察站、周边海域的各种侦察船等。这三层侦察体系莫不是对电磁环境的有效利用。

侦察体系所获取的情报需要及时传递到情报处理中心或各作战单元,这就离不开战场上大量的无线电通信系统。美军一架 E-3 预警机上就装备有 20 多部通信电台。据外军统计,在集团军配置地域内,敌对双方部署的通信电台至少有 6000 多部,每平方公里约为 3～5 部,最大密度为 10～15

部。可见，大量的无线电通信辐射体都处于这种信号密集的电磁环境中。在复杂电磁环境的作用下，即便使用了先进的探测设备，能够穿透战争"迷雾"，也会因为情报传输不畅，而无法了解和掌握战况。

无线电导航与敌我识别是信息化战场上重要的战场感知手段。各种无线电导航装备实质上都采用了类似于通信电台的工作模式，都需要作战平台接收导航信标台(或者 GPS 卫星)所发射的含有标准时间信息和发信机坐标的信号，再由接收机自带的计算机进行计算，从而得出位置信息。敌我识别装备通常被称为二次雷达，其工作过程与无线电通信相仿，当飞机接收到装载在雷达上的敌我识别器发出的询问信号后，回答一个识别信号，由雷达在飞机的雷达回波信号旁边加注识别信息。以上这两种基本的战场感知活动都是纯粹的无线电信号检测过程，与通信、雷达等电磁活动所面临的情况基本一致，都将受到复杂电磁环境的迷惑作用。

因此，如果管控措施不力，战场电磁环境混乱不堪，将极有可能陷入探测传感器迷茫、对战场感知能力大大削弱、敌我识别错乱、"看不见、分不清"的被动境地。

5.3.3　电磁环境对指挥协同联系的阻碍作用

首先，在高度灵活、机动的作战行动过程中，各种作战平台之间，以及作战平台与指挥机构之间的信息传输基本上都需要依靠无线电通信手段。对于接收机而言，实质上也就是从复杂的电磁环境中，根据约定的频率、调制样式或者编码等条件识别和筛选出相应的通信信号。在电磁环境相对简单的时代，即便是较小功率的无线电通信信号也能在较远距离上被识别、接收和处理。当电磁环境十分复杂之时，就必须通过提高功率水平或者采用新的识别手段提取出相应的信号。

其次，现代战场空间远远大于传统的机械化的作战空间。为了保持侦察探测、通信联系等信息活动在更大的地理空间范围内的稳定与连续，武器装备电磁辐射的功率需要得到并已得到飞跃性的提高，单位地理空间内装载和使用电磁辐射的武器装备的数量也出现了爆炸性的增长。而且，由于新技术在雷达、通信等领域的应用，例如频谱扩展、频率捷变、参差脉冲、脉内频率分集等都严重加剧了单位空间内的电磁信号密度和组成形式。前十年设计的很多电子侦察装备，受到了信号响应速度的限制，已经不能够在热点地区、关键时机正常工作，而不得不从频谱范围和信号强度上加设条件，以提高信号选通的门槛，但却同时带来了严重的"漏侦"问题。因此，又不得不采取多机同时工作和分频段把守的办法，但又同时增加了通信联系的难度，也人为增加了战场电磁环境的复杂程度。

因为战场电磁环境的复杂化，所以难以避免多种作战装备可能出现同一时间或同一地域使用同一频段的情况。这就对作战指挥协同提出了一个十分困难的频谱协同问题，即诸军兵种作战力量往往就会因为电磁兼容问题而不能有效地形成合力。这种情况不仅出现在不同军兵种之间，就是在同一兵种内，甚至同一个作战平台上，也会由于此类问题导致作战指挥的忙乱，更有甚者，将会直接引发生死存亡的严重问题。例如，在马岛战争中，英军"谢菲尔德"号驱逐舰就是为了避免干扰己方的卫星通信，而不得不短暂关闭对空警戒雷达，反而为"飞鱼"反舰导弹提供了可乘之机，最终导致了被击沉的悲惨结局。

最后，从指挥协同行动的物质基础——指挥控制系统来看，指挥控制系统主要由各种信息处理设备和信息传输设备组成,这些设备所组成的覆盖全面、反应灵活的综合信息系统构成了信息化作战体系的"中枢神经"。为了确保指挥控制信息传输的稳定、保密和可靠,指挥控制系统中的信息传输手段通常使用光纤、同轴电缆等有线设施,指挥控制终端和信息处理设备也基本上都采取了屏蔽措施。这些措施实质上都是人们为防止外界电磁环境的影响和抵御敌方有意电磁干扰而采取的防范措施。然而即便如此,在信息获取的初端以及对运动中的作战力量和武器平台的指挥控制活动都不可避免地需要使用无线电技术来获取和传输信息。同时,在指挥对象处于运动状态时,指挥系统的终端设备也难以得到全面、可靠的电磁屏蔽保障;即便是不发射、不接收电磁波的指挥控制系统,也将暴露于战场电磁环境的直接影响之下,高能电磁脉冲武器所发出的强电磁脉冲仍然将严重冲击这些系统的安全。又因为部署于陆海空天各个地理空间之中的各种武器平台已经不可能是纯粹的机械组合,武器平台装载的各种传感器、通信等电子设备在完成目标搜索与跟踪、通信联络、火控制导、导航和敌我识别活动时,必然要受到战场电磁环境的影响,同时武器平台自身运动功能的实现也越来越依赖于各种电子技术。例如:美军的 F-22 "猛禽"战斗机,为达到可靠、灵活的操控能力,就必须使用电传动系统,这些电传动系统难以避免外界电磁活动的影响;诸如鱼雷、水雷之类的传统武器,在其储运过程中,也特别强调要避免外在电磁脉冲干扰的影响,因为静电放电所产生的电磁脉冲而引发的自爆现象时有发生。

可以说,信息化战场上电磁环境已经成为与气象环境、地理环境、社会环境等传统类型战场环境同等重要的环境因素。由于感测电磁环境的间接性、作战行动与武器装备性能对电磁活动的依赖性，以及电磁环境对作战效能影响的直接性，电磁环境对作战行动的影响实质上并不亚于地理环境的影响，并将很有可能上升为战场环境中的重要矛盾，这一点在海上、空中和航天作战中表现得更为突出。其原因就是，各种信息化装备、武器平台，甚至各个作战部队、集团都需要使用多种电子信息系统(主要以电磁波形式实现互联互通互操作，联结成灵活高效的作战体系)。如果不能有效克服复杂电磁环境的不利影响,则势必严重制约武器装备整体协同作战能力的形成与发挥。

5.3.4　电磁环境对武器装备控制的扰乱作用

对于信息化武器装备而言，火力、机动力、防护力、信息力等要素构成了整体作战能力。这种复合能力的发挥受到各种环境因素的影响，其中电磁环境在这些影响因素中居于主导地位。

信息技术的发展使战斗力的各相关要素越来越依赖于信息,信息力成为了战斗力的第一基础要素。信息力可以区分为两类不同性质的"力"：一种是己方信息系统获取、传递、处理与利用信息的能力；另一种是对敌方信息系统进行破坏的信息打击力。这两类信息力，特别是信息打击力，在战斗力要素中相对独立，又具有明显的渗透性和很强的制约性。很显然，信息力的两种"力"要发挥作用，很大程度上要受到电磁环境的制约。

信息打击力的主体其实也是利用或直接运用电磁能对上述信息获取、传递及利用能力的一种破坏能力，通常直接称之为电磁打击力。它不仅是形成复杂电磁环境的一个重要因素，还严重影响着上述的其他各种能力。电磁打击力也受制于电磁环境的作用。在敌方利用各种技术措施、战术措施等改变了战场电磁环境时，己方原有的电磁打击力可能会失去作用。比如对先进的相控阵雷达而言，原有的各种雷达干扰对它已经失去效果。信息时代的火力准确来讲应该是远程精确打击火力，这种能力的形成与发挥更离不开战场电磁环境。在对目标实施远程精确打击的过程中，离不开对目标的精确探测与定位，离不开对武器弹药的精确控制。在信息化战场上，对目标的精确探测与定位，利用的是各维空间、各种平台的电磁侦察探测手段。在充分的侦察情报引导下，为了实现对目标的精确火力打击，必须要对武器弹药实施精确控制。火控制导是现代武器平台作战效能发挥的关键环节，也是信息化武器的突出标志。雷达、导航定位系统、红外/激光和景像匹配是构成火控制导手段的四个基本支柱，其中雷达与导航定位系统不仅是实现精确制导的主要手段，也是红外/激光和景像匹配手段得以有效工作的前提，而红外与可见光本身就是电磁波频谱的组成部分。火控制导机能得以实现的原理实际上与雷达的工作过程基本一致，被动形式工作的反辐射攻击和红外制导则与雷达对抗侦察、红外侦察工作原理一致，都需要从复杂的信号背景中检测出有用信号，以形成火控制导信息，实现对目标的精确打击。例如，美国的"战斧"式巡航导弹，作战距离达数千公里，在整个飞行过程中，自始至终都依赖于电磁应用活动来明确目标、准确导航、精确攻击。如图 5-2 所示为巡航导弹攻击过程中的电磁应用活动示意图。

信息化战场是一个流动性很强的战场，机动的目的就是要以比敌人更快的速度抢占更有利的位置。然而，信息时代的机动力追求的不再仅仅是武器平台机械的运动速度和位置的机动，而是要在观察、判断、决策和行

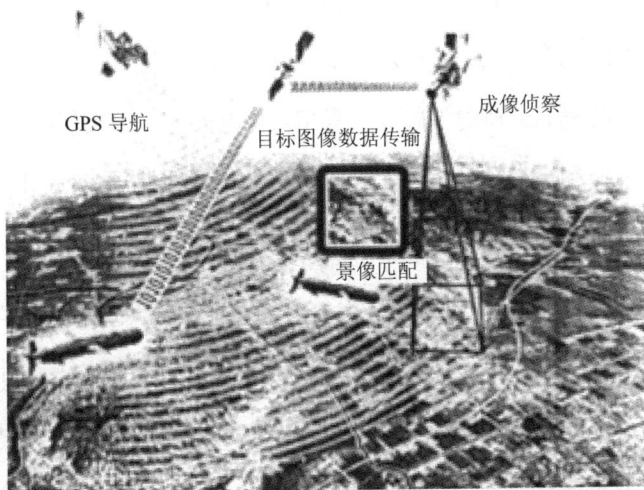

GPS 导航　　目标图像数据传输　　成像侦察

景像匹配

图 5-2　巡航导弹攻击过程中的电磁应用活动示意图

动的周期内，与敌人抢时间，比整个作战体系的反应速度，以便能够更快地集中优势力量，控制作战节奏，赢得战场主动，夺取作战的胜利。在观察、判断、决策和行动的周期内，各个环节的各种活动都离不开电磁应用活动的支持。例如：利用各种传感器获取各种信息；利用信息传输网络传递所获取的各种信息；在行动的过程中利用电磁波对武器平台进行相关控制。因此，信息时代的机动实际就是通过电磁应用活动来掌握各种有用信息并指导作战平台机械运动的方向和位置，是电磁应用活动对平台机械运动的一种精确控制。这个精确控制的过程，实际就是对电磁环境的适应与主动利用的过程，相对于机械运动能力，电磁因素在信息化机动力中居于更加重要的地位。比如，俄罗斯第三代战斗机米格-29 以空中格斗而闻名，"眼镜蛇机动"充分表现出其优异的机械运动能力，按照机械化作战观念，机动性能好的米格-29 总能率先抢占有利阵位，发射空空导弹或使用机炮摧毁对方。但在信息化战争中，面对雷达或红外制导空空导弹的咬尾追踪，飞机自身机动能力的作用将大大降低。在复杂的战场电磁环境中，如果缺乏对电磁环境的适应与掌控能力，米格-29近距格斗的优越性能似乎难有表演的机会。在科索沃战争中，起飞的米格-29飞机全部被击落，不是因为其机动能力差，而是因为其对电磁波的利用能力远远落后于F-16战斗机及其背后的整个作战体系，在其还未发现对方战斗机时，就已经被E-3A预警机的雷达牢牢锁定，并通过数据链将米格-29的位置信息传给F-16、F-15战斗机。虽然F-16和F-15并没有发现米格-29，但其发射的AIM-120中距空空导弹却能够在预警机的无线电引导下，直奔米格-29而去，并在最后一段距离上启动弹上的末端制导雷达，死死咬住米格-29，直至将其摧毁。

防护力是有生力量、武器装备、技术器材等抵御敌方杀伤与破坏的能力。防护力的强弱直接关系到己方力量的生存能力。传统的防护力主要是指防敌火力杀伤的能力，如坦克厚厚的装甲、航母坚实的船体、地下指挥所坚固的防御工事等。然而，到了信息时代，火力的杀伤力可以说发展得更快，仅仅实体上的防护显然已经招架无力。像美军的"钻地炸弹"可穿透混凝土和地面，在地下深处爆炸，直接摧毁防护严密的地下工事。信息时代要提高防护能力，首先，需要尽早地发现来袭目标，从而做出快速反应，以利于在尽可能远的距离上拦截目标，或者将目标引偏到尽可能远的距离之外。这种发现能力及拦截能力和引偏能力都离不开基于电磁应用活动的探测、引导、干扰和欺骗行动。其次，敌人的火力打击对电磁应用活动形成了很强的依赖性，通过电磁打击力量对其电子系统实施"软杀伤"，也是提高自身防护力的重要措施，这是一种积极的防护手段。最后，防护力不仅包括实体防护能力，还包括各种电磁设备的电磁防护能力，这是确保己方电磁设备在强干扰环境下正常发挥效能的重要方面。因此，对电磁环境的适应与利用能力就是构成信息化防护能力的基础和前提。信息时代的防护力通常就表现为这种软硬结合、综合一体、积极主动的防护能力。

信息化战场上，"被发现"即意味着"受攻击"甚至"被摧毁"。信息化程度较高的国家拥有大量先进的电子侦察卫星、侦察飞机等，不间断地对全球热点地区实施侦察监视。

利用复杂气象条件或者地形与植被条件提高地面目标的对空安全，是传统的防空作战隐蔽行动的重要手段，苏联红军就曾在第二次世界大战中使用人工绘画与幕布遮蔽的形式成功地将外形特征明显的克里姆林宫隐藏于普通的城市街道之中。然而，在现代的合成孔径雷达的监视下，即便是隐藏在茂密丛林中的车辆也都难匿其影；反之，一条跨江而拉的角发射器就能够在雷达屏幕上显示出桥梁一样的反射信号。因此，利用和改造战场环境，从来没有像现在这样重视电磁活动。

参 考 文 献

[1] 祝耀昌，常文君，傅耘. 武器装备环境适应性与环境工程[J]. 装备环境工程，2005，2(1)：14-19.

[2] 宣兆龙，易建政. 装备环境工程. 北京：国防工业出版社，2011.

[3] 刘尚合，武占成，张希军. 电磁环境效应及其发展趋势[J]. 国防科技，2008，29(1)：1-6.

[4] 徐金华，刘光斌，刘冬. 导弹阵地静电电磁环境效应初探[J]. 现代防御技术，2006，34(5)：50-53.

[5] 李柞泳，丁晶，彭荔红. 环境质量评价原理与方法[M]. 北京：化学工业出版社，2004.

[6] 于衍华，史国华，山春荣，等. 武器装备环境适应性论证[M]. 北京：兵器工业出版社，2007.

[7] 马力. 常规兵器环境模拟试验技术[M]. 北京：国防工业出版社，2007.

[8] 祝耀昌，孙建勇. 装备环境工程技术及应用[J]. 装备环境工程，2005，2(6)：1-9.

[9] 祝耀昌. 环境适应性与环境工程[J]. 装备环境工程，2006，23(4)，187-193.

[10] 王汝群，等. 战场电磁环境[M]. 北京：解放军出版社，2006.